新

看護・リハビリ・福祉のための

ExcelとRを使った **統計学**

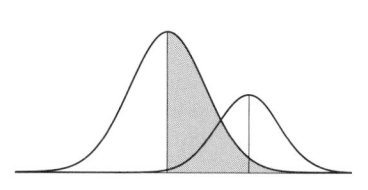

柳川 堯・中尾裕之・椛勇三郎・堤 千代
菊池泰樹・西 晃央・島村正道

近代科学社

◆ 読者の皆さまへ ◆

平素より，小社の出版物をご愛読くださいまして，まことに有り難うございます．

（株）近代科学社は 1959 年の創立以来，微力ながら出版の立場から科学・工学の発展に寄与すべく尽力してきております．それも，ひとえに皆さまの温かいご支援があってのものと存じ，ここに衷心より御礼申し上げます．

なお，小社では，全出版物に対して HCD（人間中心設計）のコンセプトに基づき，そのユーザビリティを追求しております．本書を通じまして何かお気づきの事柄がございましたら，ぜひ以下の「お問合せ先」までご一報くださいますよう，お願いいたします．

お問合せ先：reader@kindaikagaku.co.jp

なお，本書の制作には，以下が各プロセスに関与いたしました：

- 企画：小山 透
- 編集：小山 透，高山哲司
- 組版：藤原印刷 (LaTeX)
- 印刷：藤原印刷
- 製本：藤原印刷 (PUR)
- 資材管理：藤原印刷
- カバー・表紙デザイン：藤原印刷
- 広報宣伝・営業：山口幸治，東條風太

Microsoft®, Microsoft® Excel, Windows は，米国 Microsoft Corporation の米国およびその他の国における登録商標です．

まえがき

　本書は，平成 23 年に出版した『看護・リハビリ・福祉のための統計学』（旧版）の改訂版です．旧版との相違は，次のとおりです．

- 旧版では CD-ROM を添付して，統計ソフトや演習用データを配布しましたが，CD-ROM の添付をやめ，統計ソフトや演習用データは ［久留米大学バイオ統計センターホームページ］ からダウンロードして使用する形式に変更しました．
- 各章の初めに課題を与え，課題のデータをコンピュータ (PC) で解析しながら医療統計学を実践的に学習することができる，という旧版の特徴を踏襲しました．
- よりバランスが取れた内容のテキストとするため，新たな節を立て，寿命データの表現について解説を加えるなどしました．　また，旧版「平均の比較」の節から，正規性の検定や分散比の検定の解説を削除し解説を簡明にしました．その他の箇所について，テキストの記述や内容は，旧版とほとんど同一です．

　本書は，看護・リハビリ・福祉のみならず，広く医学，薬学，あるいは放射線技師や衛生検査技師などコメディカル分野の方々のための医療統計学のテキストです．これらの分野の第一線で活躍している先生たちが資料をもちより，将来皆さんの役に立つことを願って，旧版を改定しました．本書の執筆者は，以下のとおりです．

　　第 1 章，第 2 章：菊池泰樹，第 3 章：西　晃央，第 4 章：椛　勇三郎，
　　　第 5 章：堤　千代，第 6 章：中尾裕之，島村正道，第 7 章：柳川　堯

本書の出版に関して近代科学社取締役フェローの小山　透さんおよび編集チームの高山哲司さんに大変お世話になりました．心より感謝いたします．

令和元年 6 月
柳川　堯
久留米大学バイオ統計センター

旧版まえがき

本書は、看護・リハビリ・福祉のみならず、広く医学、薬学、あるいは放射線技師や衛生検査技師などコメディカル分野の方々のための医療統計学のテキストです。これらの分野の第一線で活躍している先生たちが資料をもちより、将来皆さんの活躍に役立つことを願って、項目を精選して執筆しました。

本書では、コンピュータを使って、豊富な例を実際に解析しながら医療統計学を学習することができます。このため、CD-ROM を添付しています。この CD-ROM には R という名前の統計解析ソフト（バージョン 2.70）、および各章で使用するデータが Excel データファイルの形式で入っています。

皆さん方は、パソコン (PC) 世代です。小学校から慣れ親しんできた PC をうまく利用すれば統計的推定・検定を行ったり、質問紙調査の分析を行ったりすることなどとても簡単です。頭が痛くなる数学の基礎知識を学ぶ必要もありません。それにもかかわらず、PC を使いながら医療統計学を学習するテキストはほとんどありません。二つほど、大きな問題があるからです。その第一は、使用するソフトのバージョンの問題です。バージョンアップが頻繁に行われ、そのたびに操作方法が大きく異ることもあるという困った事情があります。本書では、Microsoft Office に準備されている表計算ソフト Excel.2007 バージョンを使う場合の操作方法を述べました。皆さん方の PC、あるいは演習室や職場の PC に準備された Excel とバージョンが異なっている場合、操作を Excel.2007 バージョンに読みかえて学習してください。講義に本書を使用される場合、先生方がその役割を果たして下さることと期待します。第二の問題は、皆さん方の PC に関する知識や習熟度が、一人ひとりバラバラであるということです。本書では、Excel を一度は使ったことがある読者を想定しました。しかし、専門的な PC 用語はなるべく避け、日常的な分かりやすいことばで書くよう努めました。執筆者たちの経験では、たとえばダイヤログボックスなど PC や関連ソフトに詳しい方にとっては当たり前の用語でも、初心者は戸惑ってしまい先に進めなくなることも多いからです。もし時間があり、Excel をもう少しうまく使いこなしたい読者は、Excel の入門書（『できる Excel2010』（インプレス）など）を参照してください。

さて、近年、医療の分野では、根拠に基づく医療 (Evidence based Medicine, 略して EBM) が重視されています。例えば、リハビリテーションを患者に実施するとき、その患者の性別、年齢、身長、体重などを考慮に入れ、さらに身体のどの機能がどの程度失われているかをデータとしておさえた上で、その患者に最も適した方法でリハビリテーションを行うことが大切です。また、ある療法でリハビリテーションを実施したあとは、どのような改善がどの程度あったかについてデータをとり、その療法で本当に高い効果がえられたのかどうかの評価をきっちり行うことも重要です。効果があまり上がっていないことが分かれば他の療法に

素早く切り替える必要があるからです．根拠に基づく最適なリハビリテーション
を実施すると3か月で歩行可能となる患者が，下手な理学療法士にかかれば寝た
きりとなってしまう，とさえいわれています．

　もう1つ例を考えてみましょう．医療は援助の対象である患者・利用者個人ま
たは集団の，健康の保持増進や生活の質の維持向上を目指しています．この目的
を達成するためには，対象者の意識や行動を把握することが重要で質問紙（調査
票）などを用いる調査によってデータが集められることがあります．このような
データは「はい」，「いいえ」などの回答からなった場合が多く血圧や血糖値などの
データとは異なっています．このようなデータは質的なデータといわれます．本
書では，質問紙の作り方や，質的なデータを分析する方法についても，分かりや
すく述べています．

　医療統計学は，根拠に基づく医療を実施する上で不可欠のツールです．皆さん
方が本書によって，次のようなことを学習されることを期待します．

- 知りたいことを解明するためには、どのような計画を立てればよいか．
- どれくらいの数のデータを集めればよいか．
- どのような分析をすればよいか．
- 出てきた結果をどのように解釈すればよいか．

　本書は，久留米大学バイオ統計センターが企画を立て，次のような先生方にお願
いして分担執筆しました．各執筆者の原稿を柳川　堯がバランスをとり編集・監
修しました．執筆者一同，本書が皆さん方の医療統計学の学習に役立つよう願っ
ています．
　第1章：菊池泰樹（長崎大学医学部保健学科）
　第2章：菊池泰樹（長崎大学医学部保健学科）
　第3章：西　晃央（佐賀大学文化教育学部）
　第4章：椛　勇三郎（久留米大学医学部看護学科）
　第5章：堤　千代（聖マリア学院大学看護学部看護学科）
　第6章：島村正道（熊本大学医学部保健学科）
　第7章：柳川　堯（久留米大学バイオ統計センター）

　本書の出版に関して近代科学社の小山　透さん，大塚浩昭さんに大変お世話に
なりました．心より感謝いたします．

平成23年3月31日

柳川　堯

久留米大学バイオ統計センター

本書を学ぶにあたって
−必ず読んでください−

本書を使用する前に，必ず統計ソフトと演習用データをダウンロードしてください

　本書では，各章の初めに課題を与え、課題のデータをコンピュータ (PC) で解析しながら実践的に医療統計学を学習します．このため，本書を学ぶ前に，使用する統計ソフトとデータシートを，ダウンロードしていただく必要があります．なお，使用する PC のオペレーションシステムは，Windows です．Windows 7, 8, 8.1, 10, XP 版のいずれでも OK です．

　ダウンロードの仕方は，以下の指示に従ってください．

統計ソフトと各章のデータシートが置かれた場所

　統計ソフトと各章のデータシートは，久留米大学バイオ統計センターのホームページ (HP) に置かれています．Google を開き，検索ウィンドウに，次の URL をインプットして久留米大学バイオ統計センターの HP を開いてください．

http://www.biostat-kurume-u.jp/

ダウンロードを開始する

1. HP の画面右側に置かれた [看護・リハビリ・福祉のための統計学：**R2.7.0** とデータシートのダウンロードはここから] をクリックします．

2. [**R2.7.0** とデータシートのダウンロードは **CDROM.zip** をクリックしてください] のメッセージ画面が出るので [**CDROM.zip**] をクリック．画面の下部にある [開く] をクリックするとパスワードが求められます．パスワードは

kango

　です．パスワードを入力するとダウンロードが開始します．ダウンロードが開始します．

3. 約 3 分でダウンロードが終わり [CDROM] のフォルダが出るので，クリックして，画面に次のフォルダが表示されていることを確認します．

   - [R]，および [R.work]
   - [R2.7.0] ショートカット
   - [chapter1]，[chapter2]，[chapter4]，[chapter5]，

[chapter6]，[[chapter7]

　[R] のフォルダの中に [R2.7.0] が入っています．[R2.7.0] は，統計ソフト R から本書で使用するソフトを抽出し，使いやすく編集した統計ソフトです．[R.work] には，[R2.7.0] を円滑に使用するためのプログラムが入っています．フォルダ [chapter1]～[chapter7] の中には，各章で演習に使用するデータの Excel データシートが入っています．

PC へのコピー・貼り付け

　使用する PC にこれらのフォルダを逐次，次の手順でコピー・貼り付けます．

1. フォルダ [R] のコピー・貼り付け．

　画面上のフォルダ [R] をフォルダごとコピーして，使用する PC の [ローカルディスク (C)] に貼り付けます．

2. ショートカットのコピー・貼り付け．

　画面上の [R2.7.0 ショートカット] をコピーして，PC の [デスクトップ] に貼り付けます．

3. 次に，[sagyo] という名前の作業フォルダを作り，画面上の [chapter1] から [chapter7] までのフォルダをコピーして [sagyo] フォルダに貼り付けます．[sagyo] フォルダの作り方は以下のとおりです．本書ではこのデータを使いながら統計手法を学習します．

[sagyo] フォルダの作り方

1. 使用する PC の [ローカルディスク (C)] に，次の手順で [sagyo] フォルダを作成します．

2. [ローカルディスク (C)] を選択します．

3. マウスの右ボタンを押し [新規作成]→[フォルダ] を選択し，新しいフォルダに [sagyo] という名前をつけます．

4. 以上で [sagyo] フォルダの出来上りです．

R2.7.0 の起動の仕方，使い方

　R2.7.0 の起動の仕方や使い方については，付録を見てください．

Excel 分析ツールの設定

分析ツール

　本書では Excel に準備されている**分析ツール**を使ってデータ解析を行うこともあります．分析ツール設定や使い方についての説明も付録で与えています．

ご自分のデータを統計ソフト R2.7.0 で解析したい方々へ

　本書で準備した統計ソフト R2.7.0 は，Excel2007 バージョンに対応しています．このあとにバージョンアップされた Excel で準備されたデータシートは R2.7.0 に読み込むことができません．

　R2.7.0 に読み込ませるためには，Excel で作成したデータシートを，Excel の「名前を付けて保存」を開き「ファイルの種類 (T)」のメニューの中から「Excel97-2003 ブック (*.xls)」を選択して「保存」しておき，この形式で保存したデータシートを R2.7.0 に読み込ませてください．

R2.7.0 の内容と注意

　統計ソフト R は初歩から高度までのさまざまなレベルの統計手法を収めたソフトです．R2.7.0 には，このうち本書で解説される統計手法をカバーする程度の初歩的なソフトだけを準備し，さらに Rjpwiki で公開されている [htest クラスの結果の日本語化] を利用して，統計的検定の結果が日本語で出力されるように手を加えています．なお，準備した R2.7.0 は，R のバージョン R2.70，R コマンダーのバージョンは Rcmdr 1.3-14 です．このバージョンでは，フォルダ名に全角文字（漢字，ひらがな）を使えますが，これより新しいバージョンでは使えない恐れがあるため，本書では [chapter1] フォルダ，[kadai2.1data.xls] フォルダなどのようにフォルダには半角英数字で名前をつけました．本書で統計学を学習する場合，必ず久留米大学バイオ統計センターのホームページから R2.7.0 をダウンロードして使用してください．

目　次

第1章　データシートの作成　　1

第2章　データの表現　　11

第3章　母集団とサンプル　　37

第4章　比率の比較　　55

第1章
データシートの作成

　Excel（エクセル）や R2.7.0 を使ってデータを解析するためには，数値が一定の形式で収められたデータシートを作ることが基本です．この章では，データシートの作成法，データの保存や R へのデータのインポートの仕方について学びます．

本章学習のためのチェック事項
★　使う PC のデスクトップに [R2.7.0 ショートカット] があるか？
★　使う PC に [sagyo] フォルダを作成したか？
★　[sagyo] フォルダに [chapter1] フォルダをコピーしたか？

1.1 Excelデータシートの作成

課題 1.1 表 1.1 は，年齢，性別，身長，体重，収縮期血圧，高血圧既往歴，運動習慣についての 10 名のデータです．このデータを，Excelシートに入力（インプット）しなさい．また，作成したデータシートに「kadai1.1.xls」というファイル名をつけて [sagyo] フォルダの中の [chapter1] フォルダに保存しなさい．

表 **1.1** 高血圧既往歴と運動習慣

ID	年齢	性別	身長	体重	血圧	高血圧既往歴	運動習慣
1	65	男	171.4	57.8	正常	なし	あり
2	58	男	166.6	78.1	高い	なし	なし
3	61	男	162.2	57.9	高い	なし	なし
4	50	男	166.8	72.3	正常	あり	あり
5	58	男	166.8	66.0	低い	なし	なし
6	49	女	155.1	54.5	正常	なし	なし
7	59	女	158.5	60.5	正常	なし	あり
8	68	女	155.1	46.3	低い	なし	なし
9	59	女	153.5	57.5	正常	なし	なし
10	55	女	154.5	66.2	正常	なし	あり

1.1.1 はじめに

連続型データ

- 年齢，身長，体重は数値データです．このような数値データを**連続型データ**といいます．年齢，身長，体重に age, height, weight という変数名をつけ数値をそのままインプットします．

離散型データ
カテゴリカルデータ

- 性別は男と女，血圧は低い，正常，高いにグループ分けされています．このようなデータを**離散型データ**，または**カテゴリカルデータ**といいます．性別はsex という変数名をつけ男を 1，女を 0 とコード化してインプットします．血圧は blood pressure という変数名をつけ low, normal, high をそれぞれ 0, 1, 2 とインプットします．

- 高血圧既往歴，運動習慣も，あり，なしのカテゴリカルデータです．変数名をそれぞれ high blood history, fitness habits とし，ありを 1，なしを 0 とインプットします．

- カテゴリカルデータは，上のようにコード化してインプットすると作業が楽です．ただし，データと対応ができるように表 1.2 のようなコード表を作っておくことが重要です．

- ■ **注 1.1** 統計ソフト R は，基本的に英語（数字やアルファベットなどの半角文字）を用いるソフトです．このため，上では英語で変数名などを与えましたが，Excel でデータを解析するときは日本語（全角文字）の変数名が使え

表 **1.2**　コード表

性別	sex	男性	1
		女性	0
血圧	blood pressure	low	0
		normal	1
		high	2
高血圧既往歴	high blood history	あり	1
		なし	0
運動習慣	fitness habit	あり	1
		なし	0

ます.

1.1.2　データをインプットする

次の 1～3 の手順に従って表 1.1 のデータを Excel シートにインプットします.

1. Excel を起動します（図 1.1）.

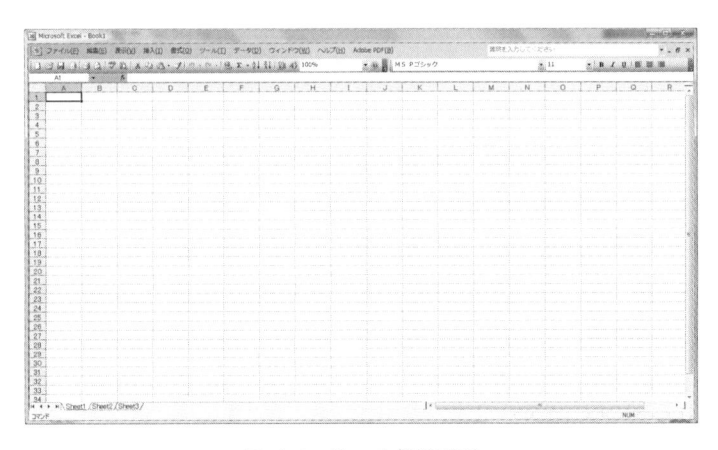

図 **1.1**　Excel 起動画面

2. A 列を個体番号 (ID), B 列を年齢 (age), C 列を性別 (sex), D 列を身長 (height) にとり, E 列を体重 (weight), F 列を血圧 (blood pressure), G 列を高血圧既往歴 (high blood history), H 列を運動習慣 (fitness habits) にとり, 上に述べた要領でデータをインプットします.

3. インプットが終わったら, 変数名が完全に表示されるように F 列, G 列, H 列の幅を広げます（図 1.2）.

1.1.3　ファイル名をつけて保存する

作成したデータシートに「kadai1.1.xls」というファイル名をつけて [sagyou] フォルダ内の [chapter1] フォルダに保存します. 手順は, 次のとおりです.

1. メニューバー左上の [Microsoft Office ボタン] をクリックして [名前を付

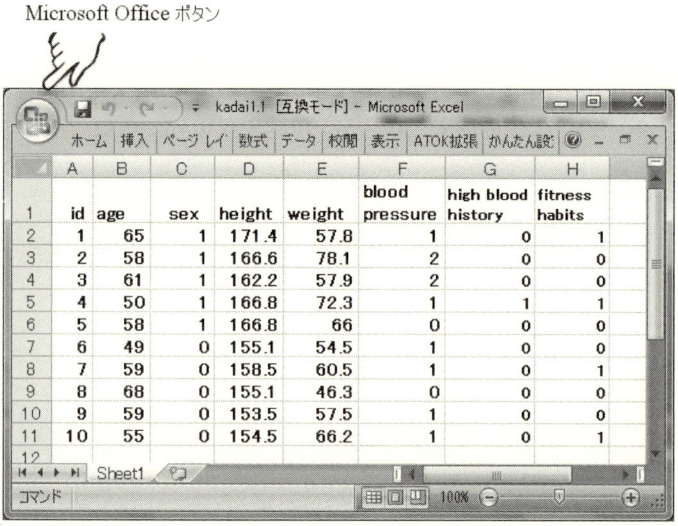

Microsoft Office ボタン

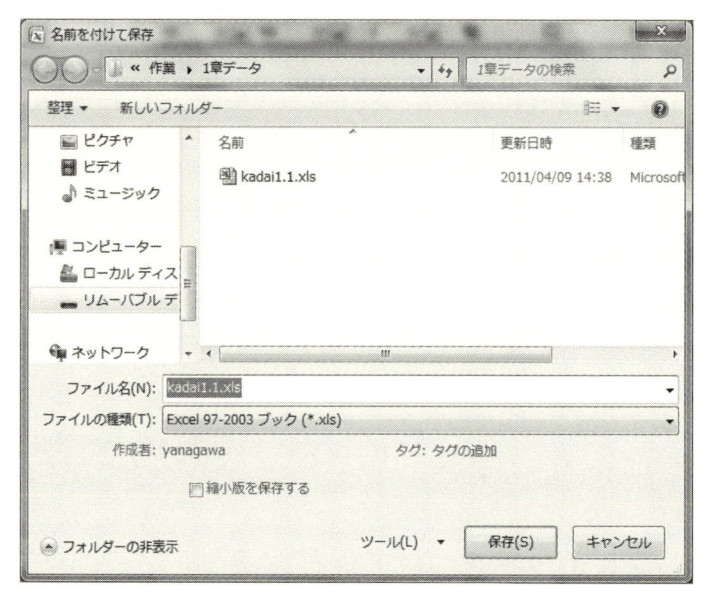

図 **1.2**　保存前の Excel 画面

けて保存 (A)] を選択します（図 1.2）.

2. [名前を付けて保存] 画面の [保存先 (I)] で [ローカルディスク (C)] を選択し, [sagyo] フォルダ内の [chpter1] フォルダを選択します.

3. [ファイル名 (N)] に [kadai1.1.xls] とインプットして, ファイルの種類 (T) のメニューの中から Excel97-2003 ブック (*.xls) を選択し [保存 (S)] ボタンをクリックします（図 1.3）.

図 **1.3**　[名前を付けて保存] 画面

1.2 R2.7.0 へのデータのインポート

> **課題 1.2** 統計ソフト R2.7.0 に表 1.1 のデータをインプットしなさい.

1.2.1 はじめに

R2.7.0 でデータを解析するには R2.7.0 にデータをインプットすることが必要です. 本書では, R2.7.0 に直接データをインプットするのではなく, Excel シートにまずデータをインプットし, ファイル名をつけて保存しておき, そのファイルを R2.7.0 に読み込むという手順でデータのインプットを行います. R2.7.0 では, データの読み込みを**インポート**と呼んでいます. データのインポートの仕方はいくつかありますが, 本節では次の 2 つの方法を紹介します.

インポート

- Excel データシートをインポートする.
- クリップボードからインポートする.

1.2.2 Excel データシートのインポート

前節で表 1.1 のデータを Excel シートにインプットし, [sagyo] フォルダ内の [chapter1] フォルダに [kadai1.1.xls] というファイル名で保存しました. このファイルを R2.7.0 にインポートします. 手順は, 次の 1〜4 のとおりです.

1. R コマンダーのメニューバーの [データ]→[データのインポート]→[from Excel, Access or dBase data set] を選択します.

2. [from Excel, Access or dBase data set] 画面の [データセット名を入力 :] に example1.1 とインプットし, [OK] ボタンをクリックします (図 1.4).

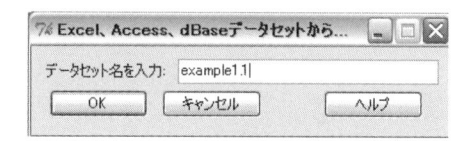

図 **1.4** [from Excel, Access or dBase data set] 画面

3. [ファイルを開く] 画面の [ファイル名 (N)] で [kadai1.1.xls] を選択し, [開く (O)] ボタンをクリックします (図 1.5).

4. [データセットを表示] ボタンをクリックして確認します (図 1.6).

1.2.3 クリップボードによるインポート

[kadai1.1.xls] のデータを**クリップボード**を経由して R2.7.0 にインポートします.

クリップボード

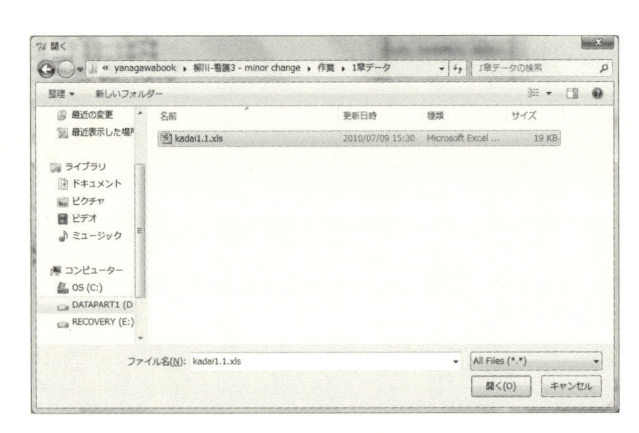

図 **1.5** ［ファイルを開く］画面

id	age	sex	height	weight	blood.pressure	high.blood.history	fitness.habits
1	65	1	171.4	57.8	1	0	1
2	58	1	166.6	78.1	2	0	0
3	61	1	162.2	57.9	2	0	0
4	50	1	166.8	72.3	1	1	1
5	58	1	166.8	66.0	0	0	0
6	49	0	155.1	54.5	1	0	0
7	59	0	158.5	60.5	1	0	1
8	68	0	155.1	46.3	0	0	0
9	59	0	153.5	57.5	1	0	0
10	55	0	154.5	66.2	1	0	1

図 **1.6** データセット example1.1

1. ［sagyo］フォルダ内の［chapter1］フォルダに置かれた［kadai1.1.xls］を開きます.

セル

2. セル（**番地**）A1 から H11 を選択し，右クリックして［コピー（C）］をクリックします（図 1.7）.

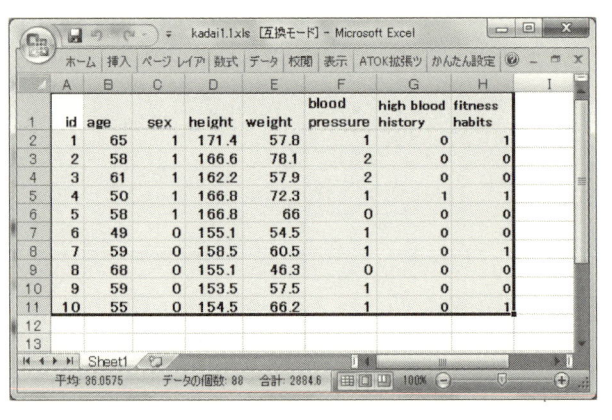

図 **1.7** `kadai1.1.xls` のセル A1 から H11 を選択する

3. R コマンダーのメニューバーの［データ］→［データのインポート］→［テキストファイルまたはクリップボード，URL から］と選択します.

4. [テキストファイルまたはクリップボード，URL から] 画面の [データセット名を入力] に example1.2 とインプットし，[クリップボードからデータを読み込む] にチェックを入れ，[区切り記号] で [タブ] を選択して，[OK] ボタンをクリックします（図 1.8）．

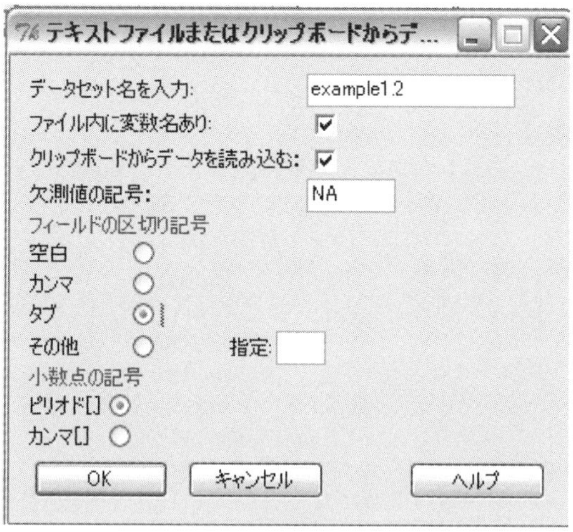

図 **1.8**　[テキストファイルまたはクリップボード] 画面

5. [データセットを表示] ボタンをクリックして確認します（図 1.9）．

図 **1.9**　データセット example1.2

例題 1.1　表 1.3 は，女子学生 9 名を 3 名ずつのグループに無作為に分け，ジョギングを全くしない (None)，時々ジョギングをする (Sometimes)，毎日ジョギングをする (EveryDay) という生活を 1 か月続けた後の体重の変化量 (kg) データです．このデータから Excel のデータシートを作りなさい．

解説　表 1.3 と同じ形式で Excel シートにデータをインプットしても解析はできません．女子学生に番号 (ID) をつけておきデータシートを表 1.4 のような形式で

表 **1.3**　ジョギングの頻度と体重変化量

None	Sometimes	EveryDay
1.5	−0.5	−1.5
0.3	0.2	−2.5
0.8	−0.4	−0.5

作ります．このとき，番号のつけ方によって表 1.4 と異なるデータシートができ
ますが，なんら問題はありません．

表 **1.4**　ジョギングの頻度と体重の変化量

ID	体重変化量	ジョギング頻度
1	1.5	None
2	0.3	None
3	0.8	None
4	−0.4	Sometimes
5	0.2	Sometimes
6	−0.5	Sometimes
7	−1.5	EveryDay
8	−2.5	EveryDay
9	−0.5	EveryDay

問題 1.1　例題 1.1 で作成したデータシートに適当なファイル名をつけて保
存しなさい．また，このファイルを R2.7.0 にインポートしなさい．なお，
データシートの保存の仕方は 1.1.3 項を参照してください．

1.3　新しい変数を計算する

課題 1.3　表 1.1 から各個体の BMI を計算しなさい．

1.3.1　はじめに

BMI は，Body Mass Index の略で肥満度を表す指数として使われており，次
の式で計算されます．

$$BMI = [体重 (kg)] / [身長 (m)]^2$$

ただし，/ は割り算 ÷ を表します．

表 1.1 のデータを [sagyo] フォルダ内の [chapter1] フォルダに [kadai1.1.xls]
というファイル名をつけて保存しておきました．本節では，このファイルを使っ
て BMI を算出します．

1.3.2 ExcelによるBMIの計算

Excelを使って，BMIを計算するには次の1～5の手順で行います．

1. [sagyo] フォルダ内の [chapter1] フォルダにある `kadai1.1.xls` を開きます．

2. セルI1に変数名BMIをインプットします（図1.10）．

id	age	sex	height	weight	blood pressure	high blood history	fitness habits	BMI
1	65	1	171.4	57.8	1	0	1	
2	58	1	166.6	78.1	2	0	0	
3	61	1	162.2	57.9	2	0	0	
4	50	1	166.8	72.3	1	1	1	
5	58	1	166.8	66	0	0	0	
6	49	0	155.1	54.5	1	0	0	
7	59	0	158.5	60.5	1	0	1	
8	68	0	155.1	46.3	0	0	0	
9	59	0	153.5	57.5	1	0	0	
10	55	0	154.5	66.2	1	0	1	

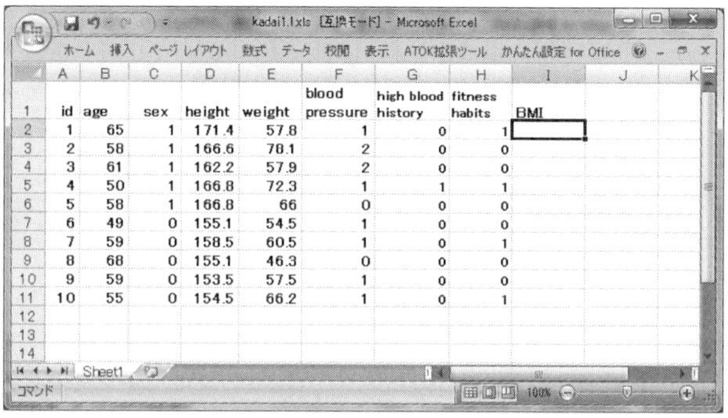

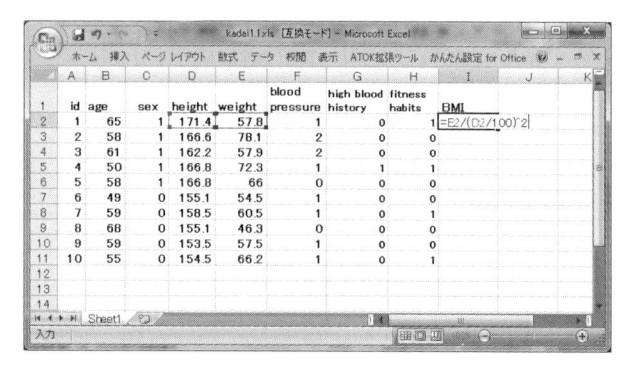

図 1.10 セルI1に変数名BMIをインプット

3. セルI2に，次のようにして BMI の計算式をインプットします．
個体番号 (ID) 1の体重 (kg) はセル E2 に，身長 (cm) はセル D2 に入っているので，セルI2には

$$= \mathrm{E2} \,/\, (\mathrm{D2}/100)\hat{}2$$

とインプットします（図1.11）．ここで，＝は必須です．また，^2は2乗を意味します．

id	age	sex	height	weight	blood pressure	high blood history	fitness habits	BMI
1	65	1	171.4	57.8	1	0	1	=E2/(D2/100)^2
2	58	1	166.6	78.1	2	0	0	
3	61	1	162.2	57.9	2	0	0	
4	50	1	166.8	72.3	1	1	1	
5	58	1	166.8	66	0	0	0	
6	49	0	155.1	54.5	1	0	0	
7	59	0	158.5	60.5	1	0	1	
8	68	0	155.1	46.3	0	0	0	
9	59	0	153.5	57.5	1	0	0	
10	55	0	154.5	66.2	1	0	1	

図 1.11 セルI2にBMIの計算式をインプット

4. [Enter] キーを押すと，id=1の個体に対するBMIの計算結果

$$57.8/(171.4/100)^2 = 19.67461$$

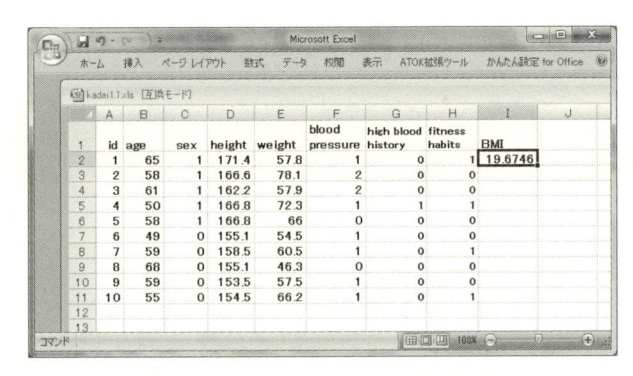

図 **1.12** ID が 1 の BMI の計算結果

がセル I2 に表示されます（図 1.12）.

ドラッグ

5. セル I2 をクリックしてカーソル矢印をセル I2 の右下隅にもっていくと+が現れます．そこでマウス左ボタンを押したままセル I3 からセル I11 まで引き下げ（ドラッグといいます），マウスボタンをはなすと id = 2 から id=10 までの個体の BMI が計算されてセル I3〜I11 に表示されます（図 1.13）.

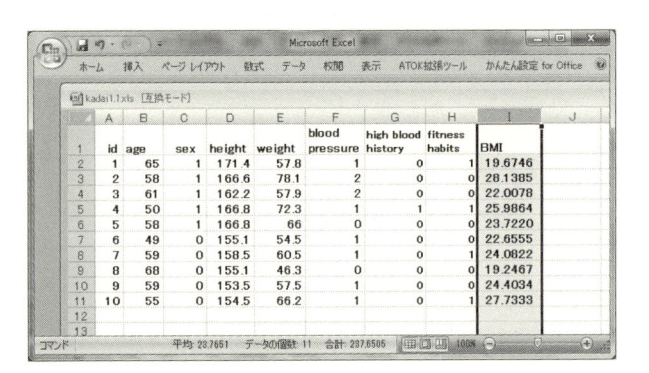

図 **1.13** id=2 から id=10 までの個体に対する BMI の計算結果

問題 1.2 標準体重とは，成人病などの疾患の発症が最も少ない体重のことで，次の関係式で与えられます.

$$標準体重 = [身長 (m)] \times [身長 (m)] \times 22$$

表 1.1 から，各個体の標準体重を計算しなさい.

第2章
データの表現

統計データの解析では，解析を始める前にデータをグラフに表して分布の様子を視覚化したり，中心的傾向や広がりを表す代表値を求めたりして，データの特徴を把握しておくことが重要です．この章では，ヒストグラムおよび平均値や標準偏差などの要約統計量と箱ヒゲ図など，データの視覚化の仕方やデータを要約する代表値について学びます．医療では，死亡率や有病率などさまざまな指標が使われます．これらも代表値です．最後の節では，医療でよく使われる指標について学びます．

本章学習のためのチェック事項
★ 使う PC のデスクトップに [R2.7.0 ショートカット] があるか？
★ 使う PC に [sagyo] フォルダを作成したか？
★ [sagyo] フォルダに [chapter2] フォルダをコピーしたか？
★ Excel の [分析ツール] を読み込んだか？
　（読み込み方は付録参照）

2.1 ヒストグラム

課題 **2.1** ［sagyo］フォルダ内の［chapter2］フォルダに置かれた
［kadai2.1.xls］は，表 1.1 と同じ項目について調べた男女 50 名ずつ合
計 100 名のデータシートです．このファイルの中から男性の体重デー
タを取り出してヒストグラムを描きなさい．

2.1.1 はじめに

　表 2.1 は，［kadai2.1.xls］ファイルの中から男性の身長を選択して，身長を 6cm
ごとにクラス分けしたとき各クラスに属する男性の人数（度数）です．図 2.1 は
この表を，横軸に身長，縦軸に度数をとりグラフに描いたものです．ただし，横
軸の目盛りは，各クラスの中央値です．表 2.1 を**度数分布表**，図 2.1 のような図
を**ヒストグラム**といいます．表 2.1 や図 2.1 のヒストグラムを見ると 50 名の男
性の身長がどの範囲でどのように分布しているかが一目で分かります．本節では，
度数分布表の作り方とヒストグラムの描き方を学びます．

度数分布表

ヒストグラム

表 **2.1** ［kadai2.1.xls］における男性身長測定値

身長の測定値	度数（男性の人数）
144～150	1
151～156	1
157～162	13
163～168	21
169～174	13
175～180	1

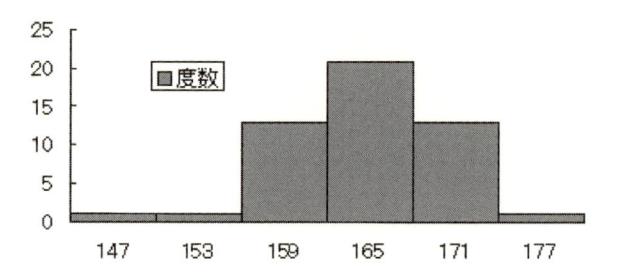

図 **2.1** 表 2.1 にまとめられたデータのヒストグラム

2.1.2 Excel による度数分布表の作成

　Excel の［分析ツール］の中にある［ヒストグラム］を使って男性体重のヒスト
グラムを描きます．まず，度数分布表を作成して，次に度数分布表からヒストグ
ラムを描きます．度数分布表を作成する手順は以下のとおりです．

1. [sagyo] フォルダ内の [chapter2] フォルダにある [kadai2.1.xls] を開きます（図 2.2）．

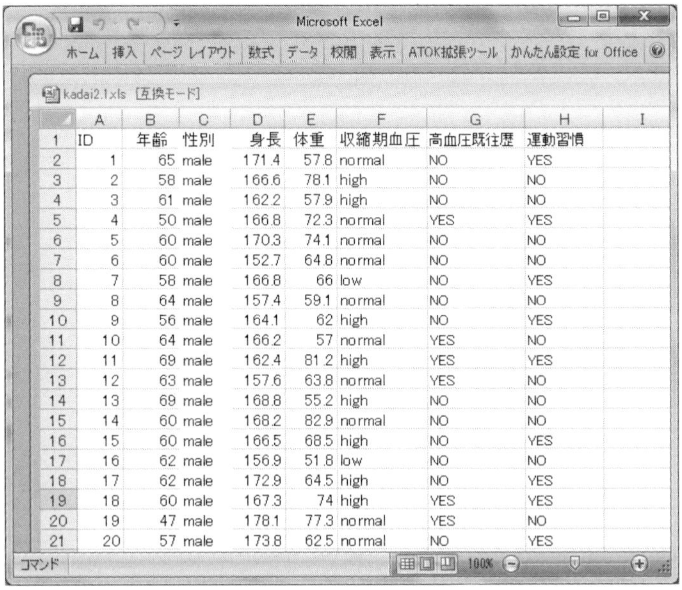

	A	B	C	D	E	F	G	H	I
1	ID	年齢	性別	身長	体重	収縮期血圧	高血圧既往歴	運動習慣	
2	1	65	male	171.4	57.8	normal	NO	YES	
3	2	58	male	166.6	78.1	high	NO	NO	
4	3	61	male	162.2	57.9	high	NO	NO	
5	4	50	male	166.8	72.3	normal	YES	YES	
6	5	60	male	170.3	74.1	normal	NO	NO	
7	6	60	male	152.7	64.8	normal	NO	NO	
8	7	58	male	166.8	66	low	NO	YES	
9	8	64	male	157.4	59.1	normal	NO	NO	
10	9	56	male	164.1	62	high	NO	YES	
11	10	64	male	166.2	57	normal	YES	NO	
12	11	69	male	162.4	81.2	high	YES	YES	
13	12	63	male	157.6	63.8	normal	YES	NO	
14	13	69	male	168.8	55.2	high	NO	NO	
15	14	60	male	168.2	82.9	normal	NO	NO	
16	15	60	male	166.5	68.5	high	NO	YES	
17	16	62	male	156.9	51.8	low	NO	NO	
18	17	62	male	172.9	64.5	high	NO	YES	
19	18	60	male	167.3	74	high	YES	YES	
20	19	47	male	178.1	77.3	normal	YES	NO	
21	20	57	male	173.8	62.5	normal	NO	YES	

図 **2.2** [kadai2.1.xls]

2. 階級（クラス）の設定

男性体重の最大値は 88.5，最小値は 50.0，また平均値は 66.4 であることが分かっているとします（求め方は 2.2.5 項参照）．体重を 6 クラスに分けることにします．まず，

$$(88.5 - 50.0)/6 \approx 7$$

であることからクラスの幅を 7kg に定めます．切りがいいように，

$$[\text{平均値}] \pm 3.5 \approx 66.5 \pm 3.5 = (63.0,\ 70.0)$$

を基準のクラスにとり，両側に幅 7kg ずつとっていくと体重のクラス

$$49 - 56,\ 57 - 63,\ 64 - 70,\ 71 - 77,\ 78 - 84,\ 85 - 91$$

が定まります．

■ **注 2.1** ≈ は，近似（およそ）を表す記号です．

3. クラスの上限のインプット

セル J3～J8 に各クラスの体重の上限値 56，63，70，77，84，91 をインプットします（図 2.3）．

4. メニューバーの [データ]→[データ分析] を選択します．

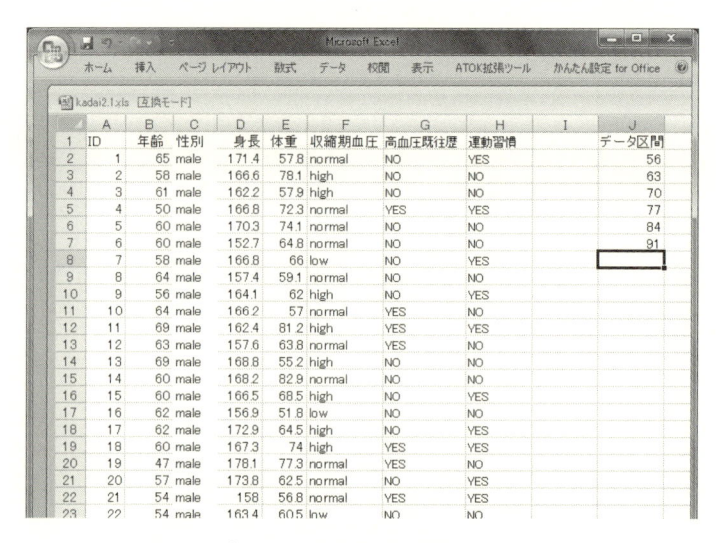

図 **2.3**　各クラスの体重の上限値のインプット

5. [データ分析] の [分析ツール (A)] で [ヒストグラム] を選択して [OK] ボタンをクリックします.

6. [ヒストグラム] の [入力元] の [入力範囲 (I)] の右の空白をクリックして, 度数分布表を求めたいデータが入ったセル E2〜E51 を選択します.

7. 同じシートの [データ区間 (B)] の右の空白をクリックし, 先ほどセル J3〜J8 にインプットしていた各区間の上端の数値を選択します.

8. 同じシートの [出力オプション] の [出力先] を指定して [OK] ボタンをクリックすると指定した出力先に度数分布表がアウトプットされます (図 2.4).

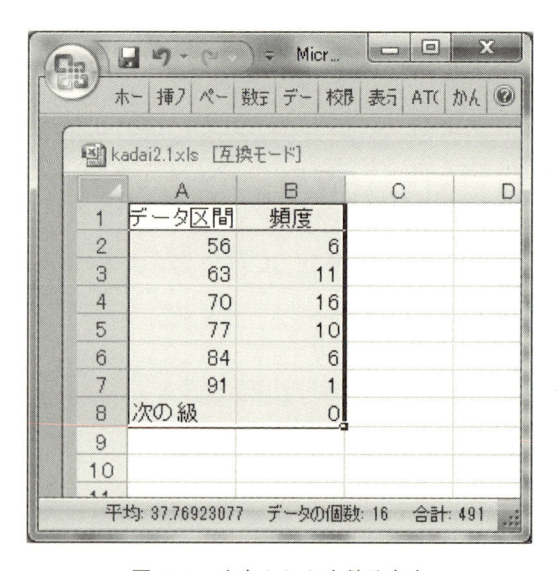

図 **2.4**　出力された度数分布表

2.1.3　Excelによるヒストグラムの描き方

上でアウトプットされた度数分布表から，横軸に体重のクラスをとって，ヒストグラムを描きます．手順は次のとおりです．

1. 図2.4のセルA1〜B8の度数分布表を選択します．

2. Excelメニューバーの[挿入]をクリックすると，いろいろなグラフの図が表示されます．縦棒を選択しクリックすると棒グラフの絵が現れるので好きなものを選択します．ここでは最も簡単な2-D縦棒の一番左のものを選択することにします．カーソルを絵の上に置いてクリックするとヒストグラム（図2.5）が表れます．

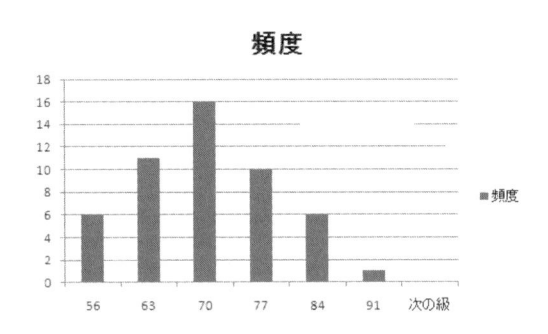

図 **2.5**　男性体重のヒストグラム

[横軸の目盛を整える]

表れたヒストグラムを見ると，横軸の目盛が各階級の最大値になっています．また，目盛に「次の級」という余計なものも目につきます．横軸の目盛を各階級の中央値に変更し，また「次の級」を消すことにします．次の手順のように行います．

1. 体重のクラス

$$49 \sim 56,\ 57 \sim 63,\ 64 \sim 70,\ 71 \sim 77,\ 78 \sim 84,\ 85 \sim 91$$

の中央値を

$$(49 + 56)/2 = 52.5,\quad (56 + 63)/2 = 59.5, \ldots$$

のようにして求め，求めた中央値

$$52.5,\ 59.5,\ 66.5,\ 73.5,\ 80.5,\ 87.5$$

を度数分布表と同じデータシートにインプットします．ここでは，A11〜A16にインプットしました．

2. 先ほどのヒストグラムを選択して，マウスの右ボタンをクリックし[データの選択]を選択します．

3. [データソースの選択] 画面（図2.6）が出るので，横（項目）軸ラベル (C) の [編集] をクリックします.

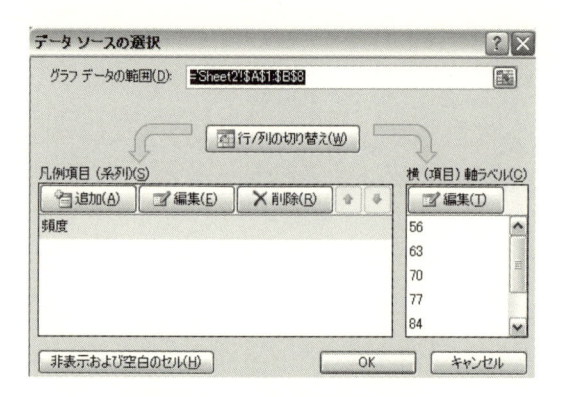

図 **2.6** ［データソースの選択］

4. [軸ラベルの範囲] 画面が出るので先ほど A11〜A16 にインプットしておいた新しい目盛を選択して（図2.7）[OK] ボタンをクリックします. [データソースの選択] 画面が現れるので新しい軸が正しくインプットされているのを確かめて [OK] ボタンをクリックします.

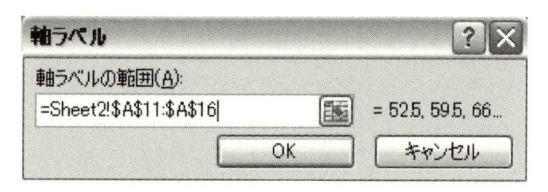

図 **2.7** ［軸ラベルの範囲］

5. 目的のヒストグラムが描かれます（図2.8）.

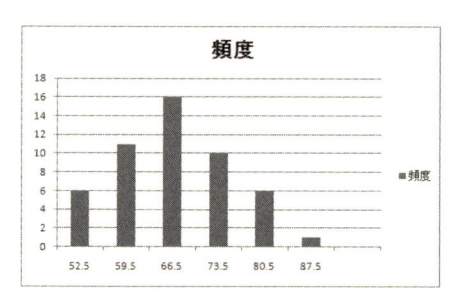

図 **2.8** ヒストグラム

[棒の間隔を調整する]

　図 2.8 の各棒の間にはアキがあります．図 2.1 のようにアキをなくすには，次のようにします．

1. アウトプットされたヒストグラムの，どれか 1 つの棒の上にカーソルを置き，まずマウスの左ボタンをクリックし，次に右ボタンをクリックします．

2. 出た画面で［データ系列の書式設定］を選択すると図 2.9 が表れます．

図 **2.9**　データ系列の書式設定画面

3. ［要素の間隔 (W)］のマーカーにカーソルをあて図 2.9 のように「なし」にマーカーを動かします．棒の間隔がないヒストグラムが描かれます（図 2.10）．

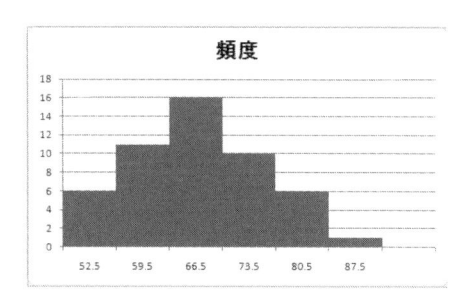

図 **2.10**　ヒストグラム：男性体重

問題 2.1　［sagyo］フォルダ内の［chapter2］フォルダに置かれた［kadai2.1.xls］を開き，女性 50 名の身長データのヒストグラムを描きなさい．

2.2　要約統計量

> **課題 2.2** Excel データシート [kadai2.1.xls] を開き, 男性 50 名の身長デー
> タについて, 次の要約統計量を求めなさい.
> ● 平均値　● 中央値　● 分散　● 標準偏差　● 4 分位範囲

2.2.1　はじめに

　男性 50 名の身長データは, [sagyo] フォルダ内の [chapter2] フォルダにある
[kadai2.1.xls] の中にあります. 身長は最小値 146.7cm, 最大値 178.1cm の間に
散らばっていて, その様子は表 2.1, あるいは図 2.1 のヒストグラムで表されていま
す. ヒストグラムを見ると, 分布の位置 (中心的傾向) とバラツキの幅 (散布度) が分
かります. 分布の中心的傾向を表すモノサシとして**平均値** (**mean**(average とも
いう)), および**中央値** (**median**), 散布度を表すモノサシとして**分散** (**variance**),
標準偏差 (**standard deviation**), **4 分位範囲** (**interquartile range**) がよ
く用いられます. これらのモノサシを**要約統計量** (**summary statistics**) とい
います. 本節では要約統計量について学びます.

要約統計量

2.2.2　平均値と中央値

平均値

　全データの和をデータの個数で割った算術平均が**平均値**です. たとえば, 5 名
の男性身長が 171.4, 166.6, 162.2, 166.8, 170.3 (cm) で与えられるとき, 身
長の平均値は

$$平均値 = \frac{1}{5}(171.4 + 166.6 + 162.2 + 166.8 + 170.3) = 167.5 \text{ (cm)}$$

中央値

です. データを小さいほうから大きさの順に並べたときの中央の値が**中央値**です.
上の 5 名の男性身長を小さいほうから大きさの順に並べると

$$162.2, \quad 166.6, \quad 166.8, \quad 170.3, \quad 171.4$$

となるので, 中央値は 166.8 (cm) です. データが偶数個のときは中央の値は 2 つ
になります. このときは, 両者の算術平均をとって中央値とします. たとえば, 4
個のデータ 144, 152, 156, 161 の中央値は $(152 + 156)/2 = 154$ です.

2.2.3　平均値と中央値の特徴

　平均値と中央値には, 次のような特徴があります.

● 上の男性 5 名の身長測定値の中で身長が最も高い男性の身長は 171.4cm でし
た. 何らかの理由でこの値を 1714 と誤ってインプットしても, そのデータか
ら求めた中央値は 166.8 (cm) となり, 上で求めた値と一致します. ところが
平均値は 476.0 (cm) と大きく変わります. このように, 中央値は平均値より

もデータに混入する**異常値 (outlier)**（外れ値ともいいます）の影響を受けにくいという特徴をもっています．このような特徴を**頑健性**または**ロバストネス(robustness)** といいます．臨床検査値，たとえば，血糖値などを測定すると中には飛び離れた大きな値を示す人がいます．したがって，このようなデータを要約するには，中央値のほうが平均値よりも良いといえます．

頑健性
ロバストネス

- 分布の形状が左右対称に近く異常値などがない場合は，平均値のほうが中央値よりも良い要約統計量です．

2.2.4　分散，標準偏差，4分位範囲

上の 5 名の男性身長 162.2，166.6，166.8，170.3，171.4 (cm) の平均値は 167.5 (cm) でした．各測定値から，この平均値を引いた 2 乗和を [測定値の個数] − 1 で割ったものが**分散 (variance)** です．すなわち

分散

$$[分散] = \frac{1}{5-1}\left[(162.2-167.5)^2 + (166.6-167.5)^2 + (166.8-167.5)^2 \right.$$
$$\left. + (170.3-167.5)^2 + (171.4-167.5)^2\right].$$

分散の正の平方根が**標準偏差 (standard deviation)** です．標準偏差は **SD**，あるいは **Std Dev** と略記されることがあります．標準偏差も分散と同様にデータの散布度を表しますが，分散は 2 乗していますので，その単位が $(\text{cm})^2$ であるのに対して標準偏差の単位は cm です．

SD
Std Dev

中央値はデータ全体を半分ずつに等分します．このとき，下半分の中央値を **25％点**，上半分の中央値を **75％点**といいます．これらは，**下 4 分位点**，**上 4 分位点**とよばれることもあります．

25％点
75％点
下 4 分位点
上 4 分位点

75％点から 25％点を引いた値が **4 分位範囲 (interquartile range)** です．データの散布度を表す最も素朴なモノサシは最大値から最小値を引いたもので**範囲(range)** とよばれます．しかし異常値が多い医療データでは異常値が最大値や最小値となることが多いので，これをさけるために範囲よりも 4 分位範囲がよく利用されます．

4 分位範囲
範囲

2.2.5　Excel による要約統計量の求め方

A．Excel の関数を用いる

[kadai2.1 データ.xls] の男性 50 名の身長データについて，Excel の関数を使って，最大値，最小値，平均値，中央値，分散，標準偏差，25％点，75％点，4 分位範囲を求めます．手順は，以下のようです．

1. [kadai2.1 データ.xls] を開きます．

2. セル J2〜J10 に最大値，最小値，平均値，中央値，分散，標準偏差，25％点，75％点，4 分位範囲と書き込みます．以下では，各々の右側のセルにこれらの値を**アウトプット**（出力）することにします．

アウトプット

3. セル K2 にカーソルを置き，関数キー $[f_x]$ をクリックします．

4. [関数の挿入] の [関数の分類 (C)] で [統計] を選択し，[関数名 (N)] で [MAX] を選択して [OK] ボタンをクリックします（図 2.11）.

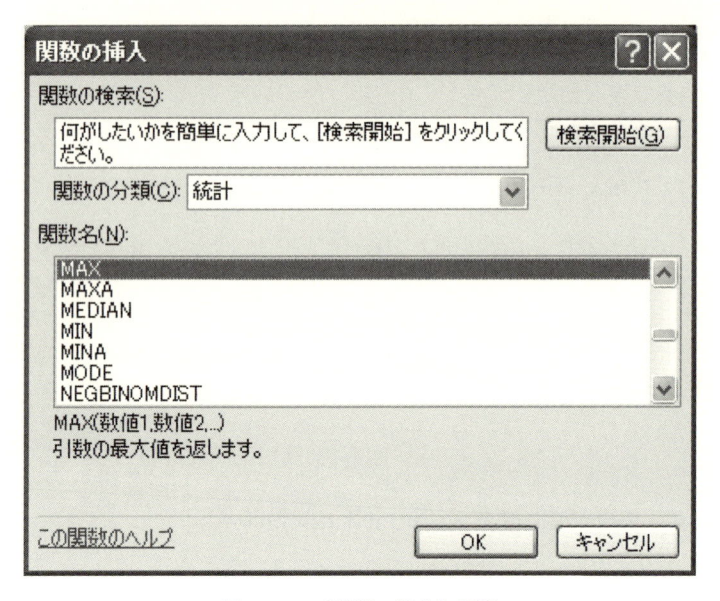

図 **2.11**　[関数の挿入] 画面

5. [関数の引数] の [数値 1] に最大値を求めたいデータの範囲を，次のようにしてインプットします．まず，[数値 1] の右側の空白をクリックしておき，次にセル D2〜D51 をドラッグします．[数値 1] に D2〜D51 がインプットされていることを確認して [OK] ボタンをクリックするとセル K2 に最大値 178.1 がアウトプットされます．

6. 以下同様に，最小値を求める場合は [関数の挿入] 画面の [MAX] を [MIN] に，平均値は [AVERAGE] に，中央値は [MEDIAN] に，分散は [VAR] に，標準偏差は [STDEV] に置き換え，最大値を求めた場合と同じ操作をすると求める値が指定したセルにアウトプットされます．

7. 25％点と 75％点は [PERCENTILE] を用います．[PERCENTILE] を選択して [OK] ボタンをクリックすると [関数の引数] が現れるので（図 2.12），[配列] 右のセル（箱）をクリックしておき，セル D2〜D51 をドラッグしてデータを取り込んで，さらに [率] に 0.25 とインプットして [OK] ボタンを押すと 25％点がアウトプットされます．

8. 4 分位範囲は，上で求めた 75％点から 25％点を引いて求めます．求め方は，次のとおりです．セル K10 に等号「=」をインプット ⟶ K9 をクリックしてセル K10 が「=K9」となったことを確認する ⟶ 次に，− をインプットして K10 が「=K9−」となったことを確認 ⟶ 次に，K8 をクリックして K10 が「=K9−K8」となったことを確認する ⟶ 最後に [OK] をクリック

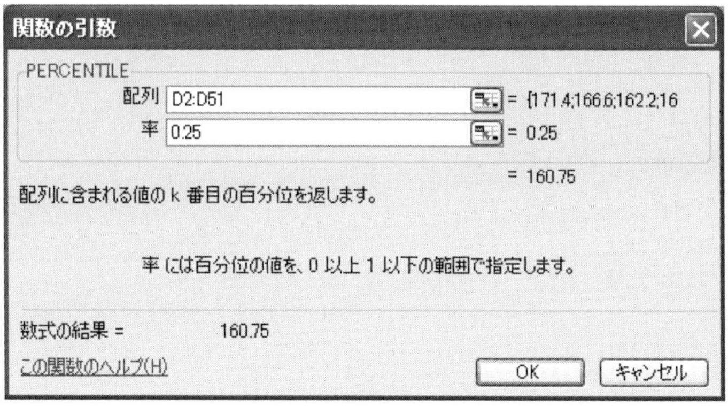

図 **2.12** ［関数の引数］画面

すると K10 に 4 分位範囲が算出されます．

9. 以上の結果は，図 2.13 のように表示されます．

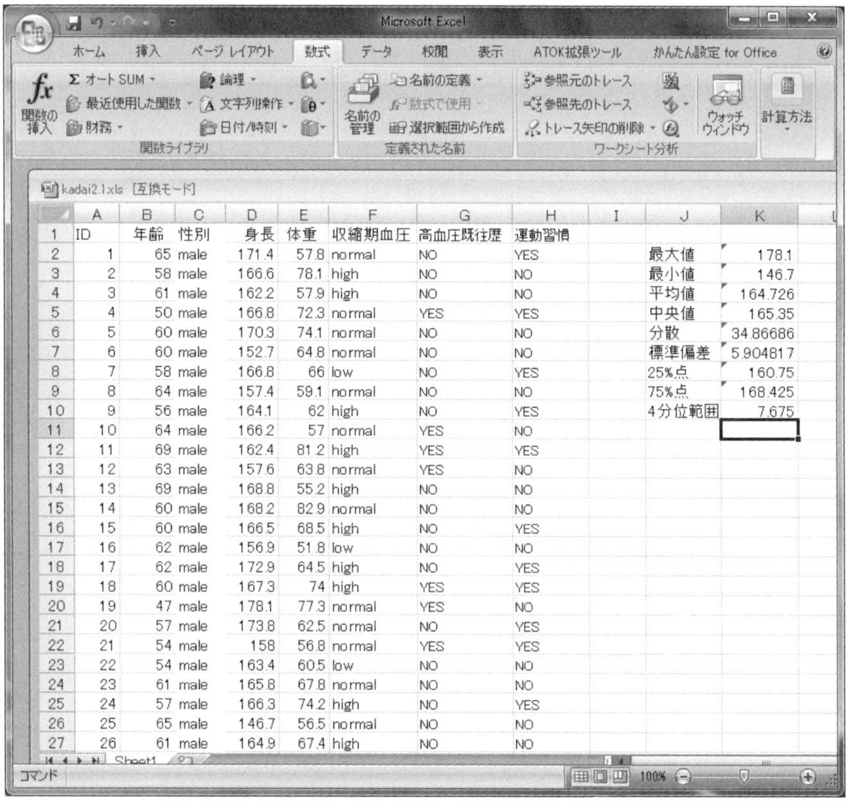

	A	B	C	D	E	F	G	H	I	J	K
1	ID	年齢	性別	身長	体重	収縮期血圧	高血圧既往歴	運動習慣			
2	1	65	male	171.4	57.8	normal	NO	YES		最大値	178.1
3	2	58	male	166.6	78.1	high	NO	NO		最小値	146.7
4	3	61	male	162.2	57.9	high	NO	NO		平均値	164.726
5	4	50	male	166.8	72.3	normal	YES	YES		中央値	165.35
6	5	60	male	170.3	74.1	normal	NO	NO		分散	34.86686
7	6	60	male	152.7	64.8	normal	NO	NO		標準偏差	5.904817
8	7	58	male	166.8	66	low	NO	YES		25%点	160.75
9	8	64	male	157.4	59.1	normal	NO	NO		75%点	168.425
10	9	56	male	164.1	62	high	NO	YES		4分位範囲	7.675
11	10	64	male	166.2	57	normal	YES	NO			
12	11	69	male	162.4	81.2	high	YES	YES			
13	12	63	male	157.6	63.8	normal	YES	NO			
14	13	69	male	168.8	55.2	high	NO	NO			
15	14	60	male	168.2	82.9	normal	NO	NO			
16	15	60	male	166.5	68.5	high	NO	YES			
17	16	62	male	156.9	51.8	low	NO	NO			
18	17	62	male	172.9	64.5	high	NO	YES			
19	18	60	male	167.3	74	high	YES	YES			
20	19	47	male	178.1	77.3	normal	YES	NO			
21	20	57	male	173.8	62.5	normal	NO	YES			
22	21	54	male	158	56.8	normal	YES	YES			
23	22	54	male	163.4	60.5	low	NO	NO			
24	23	61	male	165.8	67.8	normal	NO	NO			
25	24	57	male	166.3	74.2	high	NO	YES			
26	25	65	male	146.7	56.5	normal	NO	NO			
27	26	61	male	164.9	67.4	high	NO	NO			

図 **2.13** Excel の関数による基本統計量

B. Excel の分析ツールを利用する

上の要約統計量のうち，平均値，中央値，標準偏差，最大値，最小値だけを求

分析ツール

めたい場合，Excel の分析ツールの［基本統計量］を利用すると簡単に求められます．特に，身長や体重など2つ以上の変量についてこれらの統計量を求める場合に有用です．以下では，身長と体重の平均値，中央値，標準偏差，最大値，最小値を求めます．手順は，以下のとおりです．

1. ［kadai2.1.xls］を開きます．

2. メニューバーの［データ］→［データ分析］を選択します．

3. ［データ分析］の［分析ツール (A)］で［基本統計量］を選択して［OK］ボタンををクリックします．

4. ［基本統計量］の［入力元］の［入力範囲 (I)］の右の［範囲指定］のボタンをクリックし，男性身長データと体重データが入ったセル D1〜E51 を選択します．

5. 同じ画面の［先頭行をラベルとして使用 (L)］と［統計情報 (S)］にチェックを入れ［OK］ボタンをクリックします（図 2.14）．

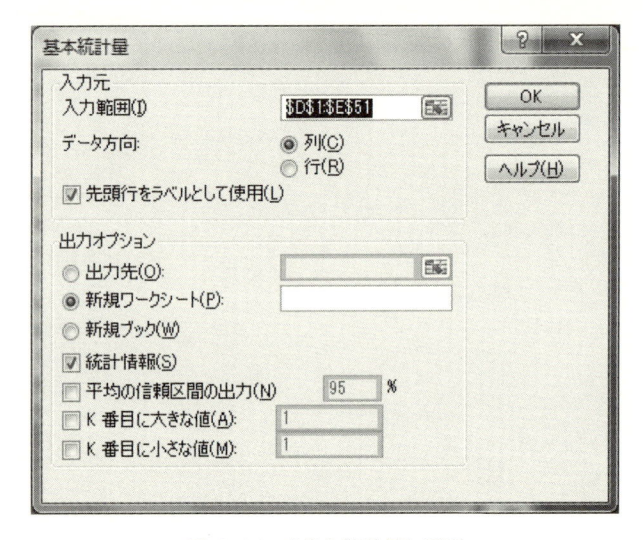

図 **2.14**　［基本統計量］画面

6. 新しいワークシートに身長と体重に関する基本統計量がアウトプットされます（図 2.15）．平均値，中央値，標準偏差，最大値，最小値以外の基本統計量は，無視してください．

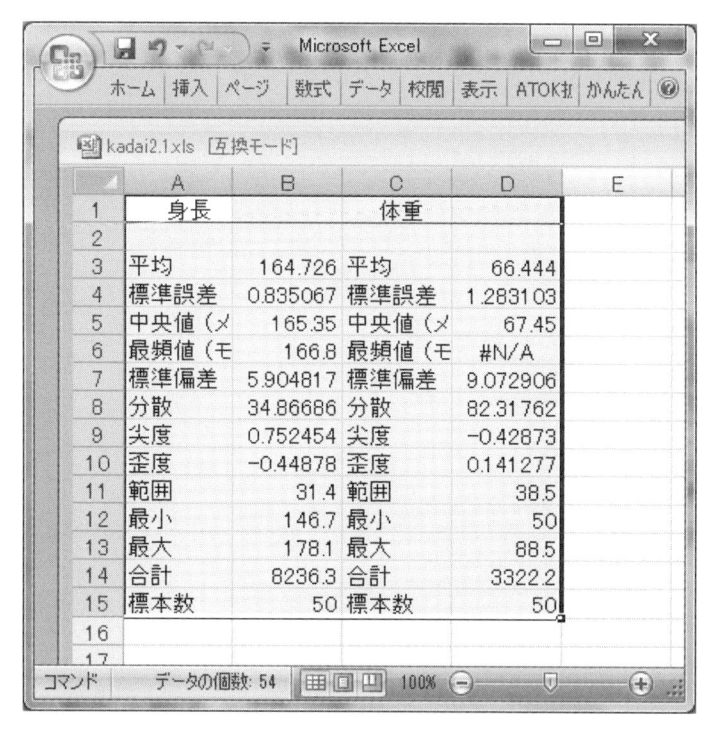

図 **2.15**　Excel の分析ツールによる基本統計量

問題 **2.2**　[kadai2.1.xls] を開き，女性 50 名の身長データについて，平均値，中央値，分散，標準偏差，4 分位範囲を求めなさい．

2.3　箱ヒゲ図

課題 **2.3** [sagyo] フォルダ内の [chapter2] フォルダに置かれた [kadai2.1データ.xls] を開き，男性 50 名の身長データの箱ヒゲ図を描きなさい．また，女性 50 名の身長データの箱ヒゲ図を，男性の箱ヒゲ図に並べて同じグラフ上に描きなさい．

2.3.1　はじめに

　箱ヒゲ図 (**box-and-whisker-plot**) は，図 2.16 のように中央値，25%点，75%点を用いてデータの分布状況を視覚化した図です．箱ヒゲ図は，異常値（外れ値）のチェックにも有用です．さらに同じグラフ上に，たとえば，男性と女性の箱ヒゲ図を描くことによって，複数のデータセットの特徴を視覚的に比較することもできます．

箱ヒゲ図

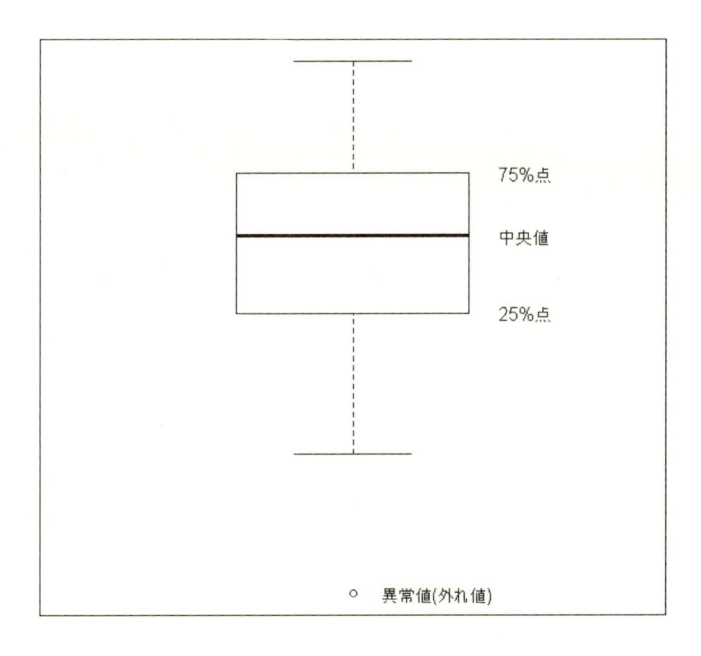

図には75%点、中央値、25%点、異常値(外れ値)のラベルが付された箱ヒゲ図。

図 2.16　箱ヒゲ図

2.3.2　箱ヒゲ図の見方

図 2.16 を参照しながら，箱ヒゲ図の見方を解説します.

ボックス

- 箱の中の太い実線は中央値を表します. 箱を**ボックス (box)** といいます.
- ボックスの底辺は 25%点を表し，上辺は 75%点を表します. 上辺と底辺との差が 4 分位範囲です. この範囲の中に 50%のデータが含まれます.
- 図には描かれていませんが，ボックスの底辺から $1.5 \times$ [4 分位範囲] 下のところとボックスの上辺から $1.5 \times$ [4 分位範囲] 上のところに線が引かれており，それぞれの線の下側と上側にプロット ｛描画｝ されるデータを，**異常値（外れ値）** といいます. 異常値がある場合には，計測，転記，入力のミスなどがないか確かめる必要があります.

異常値（外れ値）

- ボックスの下側にある横線は，異常値を除いたデータの最小値，ボックスの上側にある横線は異常値を除いたデータの最大値を表します. これらの横線とボックスから引いた点線のことを**ヒゲ (whisker)** といいます.

2.3.3　R コマンダーによる箱ヒゲ図の作成

箱ヒゲ図は Excel では描けないので，R コマンダーを用いて作成します. p.26

平行箱ヒゲ図

の図 2.19 のような図を**並行箱ヒゲ図**といいます. 課題 2.3 の並行箱ヒゲ図を描く手順は，次のとおりです.

1. Excel データシート [kadai2.1.xls] を R コマンダーで R にインポートします.

2. R コマンダーの [from Excel, Access or dBase data set] の [データセット名を入力] に `example.2.2` とインプットし，[OK] ボタンをクリックし

ます.

3. [ファイルを開く] の [ファイル名 (N)] で [kadai2.1.xls] を選択し [開く (O)] ボタンをクリックします.

4. メニューバーの [グラフ]→[箱ひげ図] を選択します.

5. [箱ひげ図] の [層別のプロット] をクリックして現れた [層別変数] (図 2.17) で性別を選択し, [OK] をクリックすると [箱ひげ図] に戻るので (図 2.18), [変数 (1 つ選択)] で身長を選択して [OK] ボタンをクリックします.

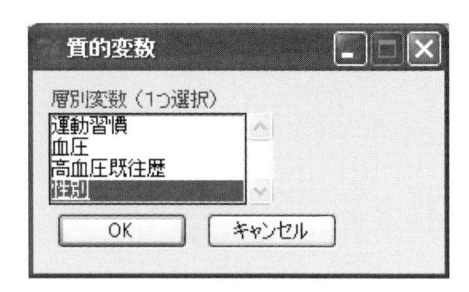

図 **2.17** [質的変数] 画面

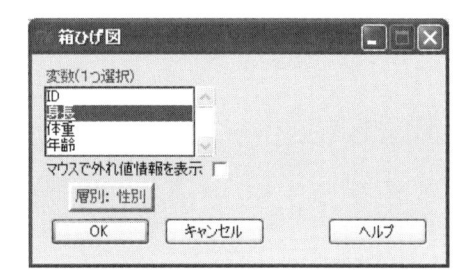

図 **2.18** [男性身長の箱ヒゲ図] 画面

6. [グラフィックスウィンドウ] に, 図 2.19 で示したような男性と女性の箱ヒゲ図が描かれます. アウトプットされた図は [ファイル] を開き, pdf などの保存形式を選択して保存します.

2.3.4　並行箱ヒゲ図の吟味

図 2.19 から次のような特徴が読み取れます.

- 男性と女性の身長の中央値は約 10cm ほど異なる.
- 男性の中央値と 75％点の間に入るデータのバラツキは, 中央値と 25％点の間に入るデータのバラツキより小さいが, 女性の身長の場合は両者はほぼ等しい.
- 男性と女性の 4 分位範囲はほぼ等しい.
- 男性, 女性いずれにも外れ値が 1 個ある. データシートを見ると, この外れ値

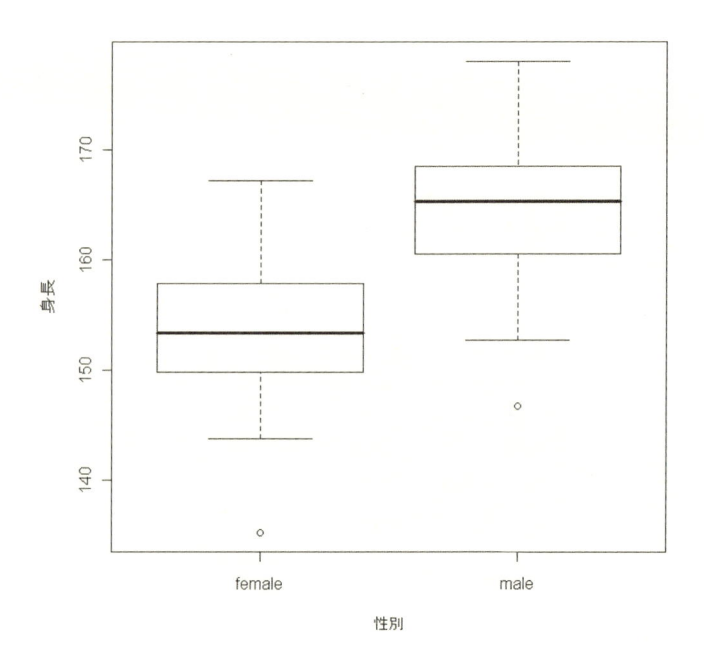

図 **2.19**　男女身長の平行箱ヒゲ図

は ID 25 の男性（身長 146.7cm）と ID 100 の女性（身長 135.2cm）である
ことが分かる.

> **問題 2.3**　データシート [kadai2.1.xls] の中の男性 50 名と女性 50 名の体
> 重について，性別で層別したときの並行箱ヒゲ図を描きなさい.

2.4　散布図

> **課題 2.4**　データシート [kadai2.1.xls] を開き，男性 50 名の身長と体重デー
> タの散布図を描きなさい.

2.4.1　はじめに

　p.28 の図 2.22 は，データシート [kadai2.1.xls] の各個体の身長と体重を，身長
を横軸,体重を縦軸にとってプロットした図です．このような図を**散布図 (scatter
graph)** といいます．散布図は 2 変量の関係を視覚的にとらえるのに便利な図で
す．本節では散布図の描き方を学びます.

散布図

2.4.2 Excel による散布図の描き方

課題 2.4 の散布図を Excel を利用して描く手順は，次のとおりです．

1. [kadai2.1.xls] を開きます．

2. 男性の身長と体重を選択して，Excel メニューバーの
   [挿入] をクリックして散布図を選択します．

3. 図 2.20 のような画面が出るので左上の散布図をクリックすると身長と体重の
   散布図がアウトプットされます（図 2.21）．

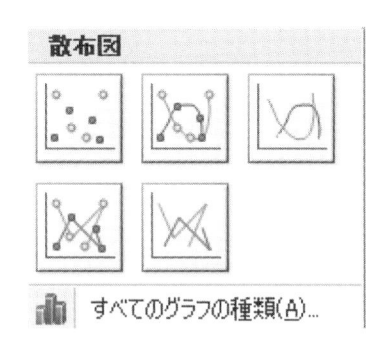

図 **2.20** ［散布図の種類］

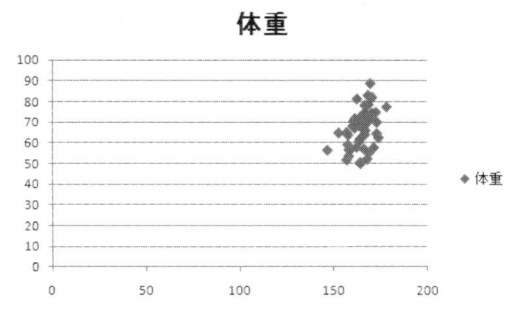

図 **2.21** ［散布図: 未調整］

4. アウトプットされた散布図を調整します．X 軸の上にカーソルを置くと [X/
   数値軸] という文字が出るので，マウスの右ボタンをクリックし
   [軸の書式設定 (O)] を選択します．[軸の書式設定] で [最小値 (N)] の右の
   [ ] に 140 とインプットして [閉じる] ボタンをクリックすると X 軸の範囲
   が 140〜200 (cm) に調整されます．同様にして Y 軸の範囲を 40〜100 (kg)
   に調整し，横軸と縦軸に軸の名前を書き込んだのが図 2.22 です．

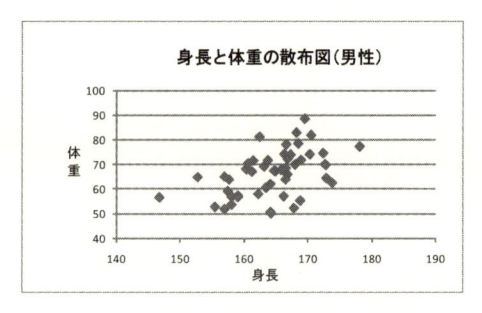

図 **2.22**　身長と体重の散布図: 調整後

問題 **2.4**　データシート [kadai2.1.xls] の中の女性 50 名の身長と体重デー
タについて，散布図を描きなさい.

2.5　医療の指標

　看護・リハビリ・福祉の分野では，死亡率，年齢調整死亡率，罹患率，年齢調
整罹患率，生存率などの指標がよく使われます. これらも要約統計量です. 本節
では，医療で重要なこれらの指標について学習します.

課題 **2.5**　表 2.2 は，平成 14 年度の宮崎県における男女の脳血管疾患死亡
者数です. 表より，男女の死亡率，および年齢調整死亡率はどれくら
いだろうか？

2.5.1　死亡率と罹患率

A.　死亡率

死亡率

　死亡率は，ある一定期間（多くの場合 1 年間）に死亡した人の数を，その期間
に死亡の危険にさらされた人の数で割ったものです. その期間に死亡の危険にさ

危険曝露人口
危険人口

らされた人の数を**危険曝露人口 (population at risk)**，または単に**危険人口**と
いいます. 課題 2.5 では，宮崎県平成 14 年男性人口 549,093 人が危険曝露人口
です. このうち脳血管疾患男性死亡者数は 634 人ですから，脳血管疾患男性死亡
率は次のように算出されます.

$$[死亡率] = \frac{[脳血管疾患死亡数]}{[危険曝露人口]} = \frac{634}{549,093} = 0.001155.$$

　この値は非常に小さいので，通常はこれらの値を 10 万倍した人口 10 万人当り
の死亡者数を死亡率として表します. すなわち，人口 10 万人当りの死亡率は

$$[死亡率 / 人口 10 万] = 0.001155 \times 100,000 = 1155.$$

表 **2.2**　脳血管疾患死亡データ（宮崎県，平成 14 年度）

年齢	男		女	
	年齢階級別人口	年齢階級別死亡数	年齢階級別人口	年齢階級別死亡数
0 〜 4	28,115	0	26,748	0
5 〜 9	30,735	0	29,020	0
10 〜 14	33,115	0	32,035	1
15 〜 19	37,050	0	36,213	0
20 〜 24	27,848	0	28,729	0
25 〜 29	33,883	0	35,830	0
30 〜 34	31,638	0	34,660	1
35 〜 39	30,509	1	33,817	1
40 〜 44	35,456	8	37,830	5
45 〜 49	41,154	18	42,709	7
50 〜 54	49,662	32	50,980	8
55 〜 59	34,110	21	36,785	11
60 〜 64	32,961	26	38,455	26
65 〜 69	33,996	53	40,658	34
70 〜 74	29,733	99	37,861	48
75 〜 79	20,436	88	31,403	95
80 〜 84	10,834	102	21,582	133
85 〜	7,858	186	20,952	368
合計	549,093	634	616,267	738

　課題 2.5 のような場合，危険曝露人口は，県や市町村の人口にとっておけばよく，国勢調査で性別，年齢階級人口が公表されているので利用することができます．

B.　罹患率と有病率

　一定期間（通常 1 年間）内に発生した新たな患者数を危険曝露人口で割ったものを**罹患率 (incidence rate)**，または**発生率**といいます．すなわち

$$[\text{年間罹患率}] = \frac{[\text{観察期間の疾患発生数}]}{[\text{危険曝露人口}]}$$

罹患率
発生率

　これに対して，ある一時点での患者の割合を**有病率 (prevalence rate)** といいます．罹患率が疾病の発生状況を見るのに使われるのに対して，有病率はある疾患の患者がどれほどいるかを調べるために使われます．有病率は，有病期間に依存します．有病期間が短い疾患の場合，有病率と罹患率は近い値ですが，有病期間が長い疾患では両者は大きく異なってきます．

有病率

　次の例で，罹患率と有病率の違いを理解してください．

例 2.1　200 人からなる集団を 2015 年〜2016 年の 2 年間追跡して観察したところ，ある疾患に罹っていたのは A, B, ..., J の 10 人でした．図 2.23 は，その 10 人の有病期間を図示したもので，直線の左端が発病時点，右端が回復時点です．例えば A さんは，2015 年の 2 月に発病し，2016 年の 8 月に回復したこと；B さんは，2015 年の 7 月に発病，観察期間内には回復しなかったこと；C さんは，観察を始めた 2015 年より前にすでに発病しており 2015 年の 9 月に回復したこと，などが分かります．

　図 2.23 より，2015 年に発病したのは A，B，D，E，G の 5 人．危険曝露

人口は 200 人ですから

$$[2015\text{ 年の罹患率}] = \frac{5}{200} = 0.025$$

です．他方，2015 年の年末に疾患にかかっている人は，C さん，H さん，I さんを除く 7 人で，200 人の人が調査対象になっていますから

$$[2015\text{ 年の年末の有病率}] = \frac{7}{200} = 0.035$$

です．同様にして算出すると 2015 年の年頭の有病率 ＝ 3/200 ＝ 0.015 です．

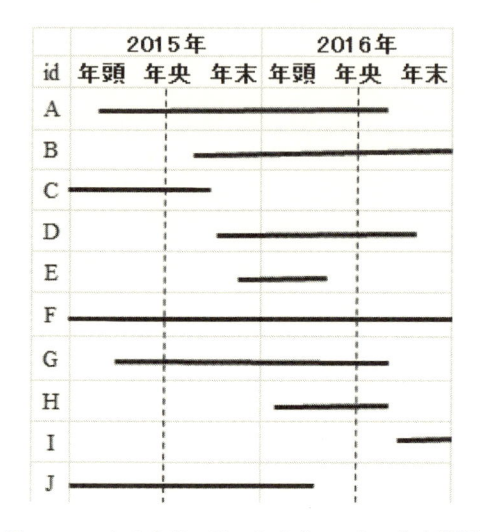

図 **2.23**　ある疾患に罹った患者 10 人の有病期間

> **問題 2.5**　図 2.23 より，2016 年度の罹患率と 2016 年の年央の有病率を求めなさい．

2.5.2　年齢調整死亡率

　宮崎県の平成 14 年度の女性の脳血管疾患による死亡率は，男性の場合と同様にして求めると人口 10 万人について 1,198 となり，女性のほうが男性よりやや高いことが分かります．しかしながら，この結果から女性は男性より脳血管疾患によって死亡するリスクが高いと言い表すのは短絡です．死亡率が高いのは，女性の高齢者数が男性よりも多いためかもしれないからです．同様なことは，たとえば，平成 10 年度と 20 年度の脳血管疾患死亡率を比較したいときにもいえます．死亡率の増加は単に高齢化が進んでいるためだけかもしれません．このような場合，年齢を調整して比較しなければ死亡率の比較は意味をもちません．**年齢調整死亡率**は，この目的のために工夫された指標です．年齢調整死亡率に対して，上で示した死亡率は**粗死亡率**とよばれることがあります．

年齢調整死亡率

粗死亡率

年齢調整死亡率は,次のように基準人口を利用して算出されます.

1. 日本の基準人口

表 2.3 で与えた昭和 60 年の日本の人口構成を日本の基準人口として使用します.

表 **2.3** 日本の基準人口

年齢	基準人口
0 ～ 4	8,180,000
5 ～ 9	8,338,000
10 ～ 14	8,497,000
15 ～ 19	8,655,000
20 ～ 24	8,814,000
25 ～ 29	8,972,000
30 ～ 34	9,130,000
35 ～ 39	9,289,000
40 ～ 44	9,400,000
45 ～ 49	8,651,000
50 ～ 54	7,616,000
55 ～ 59	6,581,000
60 ～ 64	5,546,000
65 ～ 69	4,511,000
70 ～ 74	3,476,000
75 ～ 79	2,441,000
80 ～ 84	1,406,000
85 ～	784,000
合計	120,287,000

2. 調整の考え方

宮崎県の 60～64 歳の男性を考えます.この年齢層男性の人口は,表 2.2 より 32,961 人,このうち 26 人が脳血管疾患死亡者ですから,死亡率は

$$[死亡率] = \frac{26}{32,961}$$

です.いま,基準人口の 60～64 歳男性の死亡率が宮崎県の同じ年齢層男性の死亡率と等しいと仮定して,基準人口 60～64 歳男性の死亡数の期待値を算出すると

$$[基準人口 60 \sim 64 歳男性の期待死亡数] = 5,546,000 \times \frac{26}{32,961}$$

です.同様にして,各年齢層で死亡数の期待値を求め,総合計すると基準人口における男性の脳血管疾患死亡者の総数が求まります.この総数を基準人口の総人口で割ったものが,年齢調整死亡率です.すなわち

[男性の年齢調整死亡率]

$$= \frac{\frac{0}{28,115} \times 8,180,000 + \frac{0}{30,735} \times 8,338,000 + \cdots + \frac{186}{7,858} \times 784,000}{120,287,000}$$

$$= 0.000669$$

表 **2.4**　年齢調整死亡率の算出（宮崎県，男性，平成 14 年度）

年齢	基準人口 (a)	年齢階級別人口 (b)	年齢階級別死亡数 (c)	$b/c \times 10$ 万死亡率 (d)	$a \times d/10$ 万期待死亡数
$0 \sim 4$	8,180,000	28,115	0	0	0
$5 \sim 9$	8,338,000	30,735	0	0	0
$10 \sim 14$	8,497,000	33,115	0	0	0
$15 \sim 19$	8,655,000	37,050	0	0	0
$20 \sim 24$	8,814,000	27,848	0	0	0
$25 \sim 29$	8,972,000	33,883	0	0	0
$30 \sim 34$	9,130,000	31,638	0	0	0
$35 \sim 39$	9,289,000	30,509	1	3.3	304.5
$40 \sim 44$	9,400,000	35,456	8	22.6	2,120.9
$45 \sim 49$	8,651,000	41,154	18	43.7	3,783.8
$50 \sim 54$	7,616,000	49,662	32	64.4	4,907.4
$55 \sim 59$	6,581,000	34,110	21	61.6	4,051.6
$60 \sim 64$	5,546,000	32,961	26	78.6	4,374.7
$65 \sim 69$	4,511,000	33,996	53	155.9	7,032.7
$70 \sim 74$	3,476,000	29,733	99	333.0	11,573.8
$75 \sim 79$	2,441,000	20,436	88	430.6	10,511.3
$80 \sim 84$	1,406,000	10,834	102	941.5	13,237.2
$85 \sim$	784,000	7,858	186	2,367.0	18,557.4
合計	120,287,000 (e)	549,093	634		80,455.3 (f)

となります．さらに，死亡率の場合と同様に，通常，年齢調整死亡率は人口 10 万人当りの死亡者数で表されます．したがって

$$[\text{男性の年齢調整死亡率}] = 0.000669 \times 100,000 = 66.9$$

です．

表 2.4 に，Excel による調整死亡率の算出法を表示しました．表より

$$[\text{男性の年齢調整死亡率}] = \frac{f}{e} = \frac{80,455.3}{120,287,000} \times 100,000 = 66.9$$

となることが分かります．

問題 2.6　宮崎県の平成 14 年度の女性の脳血管疾患による年齢調整死亡率を求めなさい．

2.5.3　標準化死亡比 (SMR)

粗死亡率を年齢で調整するもう一つのよく使われている方法に**標準化死亡比**
標準化死亡比
(standardized mortality ratio，略して **SMR)** があります．SMR は，たとえば，宮崎県 A 市において，総脳血管疾患死亡者数は得られるが，年齢階級死亡者数のデータまでは得られないような状況の下で「A 市の死亡率は宮崎県内で高率かどうか」を年齢を調整して調べたい場合などに使われます．この方法は，年齢調整死亡率と違って年齢階級死亡者数を使わないことから，年齢調整の**間接法**
間接法
(indirect method) とよばれることもあります．

課題 2.6 表 2.5 は，A 県 F 町と G 町の男性年齢階級別人口と疾患 D に
よる男性総死亡者数，および A 県全体の疾患 D による男性年齢階級別
死亡者数および男性年齢階級別人口です（仮想データ）．A 県全体の男
性を基準母集団として用いて F 町と D 町の SMR を算出し，比較しな
さい．

表 **2.5** 仮想データ

	F 町		G 町		A 県全体	
年齢	年齢階級別人口	死亡数	年齢階級別人口	死亡数	年齢階級別人口	死亡数
$45 \sim 64$	3,000		4,000		150,000	140
$65 \sim 84$	4,000		1,000		70,000	290
$84 \sim$	2,000		10		3,000	430
合計		300		24		

A. 考え方

1. まず，基準母集団（A 県全体）の年齢階級別死亡率が対象集団（F 町，G 町）
   の年齢階級別死亡率と等しいと仮定した場合に期待される対象集団の期待死
   亡者数を算出します．課題 2.6 の場合，F 町の期待死亡者数は以下のように
   算出されます．

$$[\text{期待死亡者数}] = 3000 \times \frac{140}{150000} + 4000 \times \frac{290}{70000} + 2000 \times \frac{430}{3000}$$
$$= 306.038.$$

2. 次に，SMR を算出します．SMR は，F 町で観察された死亡者数を，この期
   待死亡者数で割った値，すなわち

$$[\text{SMR}] = \frac{[\text{F 町の死亡者数}]}{[\text{F 町の期待死亡者数}]} = \frac{300}{306.038} \times 100$$
$$= 98$$

です．SMR が 100 より小さいということは，基準母集団を基準として年齢調整
を行って算出した期待死亡者数より死亡者数が少ないことを意味します．F 町の
SMR は 98 ですから，F 町の死亡者数はやや低いことが分かります．同様にし
て，G 町について算出すると [SMR] = 257.8 となり，G 町の死亡者数はとても
多いことが分かります．

■ **注 2.2** 表 2.5 は，わざと空欄を作り SMR の算出に必要なところだけを示し
ています．

問題 **2.7** 表 2.5 より G 町の SMR を求めなさい.

2.6 追跡調査からの死亡率の算出

2.6.1 人年法

課題 **2.7** 図 2.24 は,すい臓がん手術を受けた 6 人の患者を想定して,術後 5 年間追跡調査した架空の結果を表した図です.図 2.24 からすい臓がんの死亡率を求めなさい.

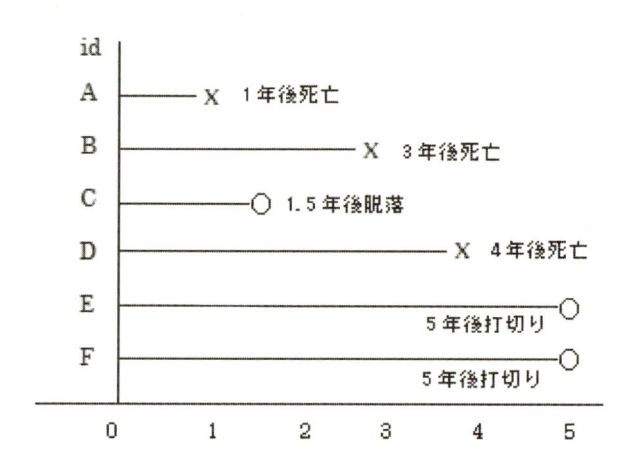

図 2.24 すい臓がん手術を受けた患者 6 人を 5 年間追跡調査した結果

　図 2.24 では,患者 A,B,D さんはそれぞれ 1 年後,3 年後,4 年後に死亡しています.患者 C さんは,転院,転居など何らかの理由で 1.5 年後に追跡できなくなったことが分かります.患者 C さんのデータを**脱落データ**といいます.患者 E さんと F さんは 5 年間の観察期間にわたって生存された患者です.患者 E さんと F さんのデータを**打ち切りデータ**といいます.脱落データや打ち切りデータからは,その時点までは死亡がなかったという情報が得られます.

脱落データ

打ち切りデータ

　一般に,追跡調査では脱落データや打切りデータが発生するため,危険曝露人口が追跡期間内で変化します.危険曝露人口を算出するとき,これらの情報を注意深く考慮しなければ,正確な死亡率を求めることはできません.本節では,この様なデータから死亡率の求め方について学習します.

課題 2.7 の考え方と解

図 2.24 より，患者 A，B，C，D，E，F さんの観測期間の合計は

$$1 + 3 + 1.5 + 4 + 5 + 5 = 19.5$$

です．この合計のことを**人年 (person year)** といいます．この人年は，6 人の
患者が危険にさらされた年数の合計，すなわち危険曝露人口になります．一般に，
脱落や打ち切りがあるデータからの危険曝露人口は，人年を用います．課題 2.7
では，危険曝露人口 19.5（人年）の中で 3 人の患者が死亡していますので，死亡
率は

$$[死亡率] = 3/19.5 = 0.154$$

です．

人年

2.6.2 カプラン・マイヤ生存曲線

> **課題 2.8** 図 2.24 から，術後 5 年間以上生存するすい臓がんの 5 年生存率
> を求めなさい．

課題 2.8 は，5 年生存率を求める問題ですが，生存率＝1-死亡率ですから，本質
的には死亡率を求めるのと同じです．がんなどの疾患の治療成績を評価する場合
は，生存率を用いるのが普通なので，本節でも**生存率**という用語を用いること
にします．

生存率

課題 2.8 の考え方と解

図 2.24 では，1 年以上観察された患者 6 人の中で 1 年後に 1 人死亡しています
から

$$[1 年後の生存率] = 1 - \frac{1}{6} = \frac{5}{6} = 0.83$$

です．次に死亡したのは 3 年後です．3 年以上観察された患者は 4 人でこの中の
1 人が死亡していますから，3 年以上観察された患者の中での生存率は

$$1 - \frac{1}{4} = \frac{3}{4}$$

です．この生存率は，1 年以上生存した患者の中での生存率ですから

$$4 年後の生存率 = \frac{5}{6} \times \frac{3}{4} = 0.63.$$

次に死亡したのは 4 年後です．4 年以上観察された患者は 3 人でこの中の 1 人が
死亡していますから 4 年以上観察された患者の中での生存率は

$$1 - \frac{1}{3} = \frac{2}{3}$$

です．この生存率は 3 年以上観察された生存者の中での生存率ですから

$$4 年後の生存率 = \frac{5}{6} \times \frac{3}{4} \times \frac{2}{3} = 0.42.$$

です．4 年後には，死亡は観察されていないので，5 年生存率は 0.42 です．

　図 2.25 は，横軸に死亡時刻（年），縦軸に生存率をとって描いたグラフです．

カプラン・マイヤの生存曲線　このようなグラフを**カプラン・マイヤ (Kaplan·Meier)** の生存曲線といいます．死亡が時間の流れの中でどのように起こってきているかを調べたり，あるいは生存率を調べたりするとき良く使われます．例えば，図より，1 年生存率は 0.83，3 年生存率は 0.63 であることが分かります．

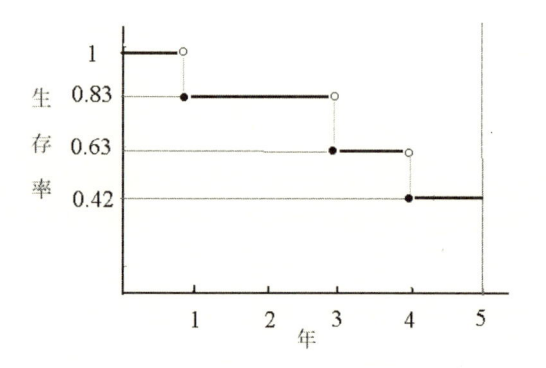

図 **2.25**　カプラン・マイヤの生存曲線

第3章
母集団とサンプル

　集団を対象とする研究において統計的方法は大変有用です．しかし，十分な配慮なしに集めたデータに統計的分析手法をマニュアルどおりに適用しても正しい結果は得られません．この章では，統計的推測の基礎となっている母集団とサンプル，サンプルのバラツキ，帰無仮説と対立仮説，有意水準と p 値，検出力などの考え方について学習します．

> 本章学習のためのチェック事項
> 本章では，統計的推測の基本的な考え方について学びます．パソコンは使いませんので，チェック事項はありません．

3.1　母集団とサンプル

> **課題 3.1**　あるウイルスの保有率を調べるため，A市の 20 歳代男性 200 人
> を調査したところ，保有者は 34 名，保有率は 17% (34/200) でした.
> この結果を
> (a)　A市の成人男子全体　　　(b)　女性も含めたA市の成人全体
> (c)　県全域の成人全体　　　　(d)　日本の成人全体
> へと範囲を広げて適用してもよいだろうか？

3.1.1　はじめに

母集団
サンプル
標本
データ
サンプルサイズ

無作為標本

　調査しようとしている対象の全体を**母集団 (population)** といい，実際に調査
された 200 人を**サンプル（標本）(sample)**，または**データ (data)**，その個数
200 を**サンプルサイズ（サンプルの大きさ）(sample size)** といいます. 統計的
研究はサンプルを通して母集団全体についての知見を得ることを目的としていま
す. 統計的な判断（統計的推測：母数の推定，仮説検定）は定量的に記述された
確率に基づいて行われます. サンプルがランダムに抽出されていること（**無作為
標本 (random sample)**）が，統計的推測で現れる種々の確率計算の根拠とな
ります.

　課題 3.1 では，ウイルス保有に対して年齢による差異はないことが A 市の男子
全体で別途証明されていれば，調査結果を A 市の成人男子全体からなる母集団へ
適用可能です. 同様に，性別および県内地域による差異がなければ女性を含む県
全域の成人全体からなる母集団へ適用可能となります.

3.1.2　統計的調査の基本

　単に寄せ集めただけのデータならば，たとえどれだけ多数のデータであっても，
正当な統計的推測を行うことはできません. 次の例は，その一つです（出典：折
笠 (1995)）.

> **例 3.1**
> 　表 3.1 は，アラスカの病院で取られた異常出産データです. 表は，冬季
> の異常出産率は $28/240 = 0.117$，夏季の異常出産率は $14/180 = 0.078$
> で，異常出産の割合は冬季のほうが夏季より高く，これを反映して平均出
> 産時間も冬季のほうが夏季よりも長いことを示しています. アラスカで
> は，冬季のほうが異常出産率が高いと判断してよいだろうか？

解説　表 3.2 は，同様な調査を自宅出産を対象にして行ったデータです. 表より，
冬季の異常出産率は $4/160 = 0.025$，夏季の異常出産率は $2/20 = 0.1$ で，異常
出産の割合は冬季のほうが夏季より低く，これを反映して平均出産時間も冬季の
ほうが夏季よりも短いことを示しています. この結果は，病院を対象にして調査

表 **3.1** アラスカの異常出産：病院出産を対象とした調査の結果

季節	出産数	異常出産数	平均出産時間
夏季（4ヵ月）	180	14	8.0 時間
冬季（8ヵ月）	240	28	10.5 時間

した結果と逆転しています．この理由として，アラスカの冬はとても厳しいため妊婦の多くは正常な出産なら自宅で行い，異常出産の可能性が高い場合だけ病院で出産する傾向性が強いことが考えられます．このような事情を無視して，病院出産あるいは自宅出産のどちらか一方だけを対象にして調査を行い，アラスカ全体の結果とすると，誤った結論が導かれることになります．

表 **3.2** アラスカの異常出産：自宅出産を対象とした調査の結果

季節	出産数	異常出産数	平均出産時間
夏季（4ヵ月）	20	2	8.0 時間
冬季（8ヵ月）	160	4	4.0 時間

　スープの味見を例にして考えてみましょう．スープをよくかき混ぜずに味見すると実際以上に濃い味，または薄味であると誤って判断されることになります．よくかき混ぜれば小量を味見するだけで全体の味が正しく判断されます．母集団の一部であるサンプルから母集団の全体構造を推測する際に，よくかき混ぜてサンプルを抽出することが基本です．よくかき混ぜることに対応する操作を，標本抽出の**無作為化**（ランダム化：**randomization**）といいます．ランダム化されずにとられたサンプルからは偏った（**バイアス (bias)** がある）推測を行う危険があります．特に，例 3.1 のような偏りは，**選択バイアス (selection bias)** とよばれています．

無作為化
ランダム化
バイアス
選択バイアス

　統計的調査は以下のような事項を考慮して実施されます．
  (1) 母集団の設定（調査結果の適用範囲）
  (2) 帰無仮説と対立仮説の設定（対立仮説は立証したい言明を反映）
  (3) サンプルサイズの決定（検出力，推定精度に依存）
  (4) サンプルの抽出（母集団からの無作為標本抽出）
  (5) 統計量（サンプルから算出される数値）の計算と統計的推測
統計的推論は図 3.1 のように表されます．

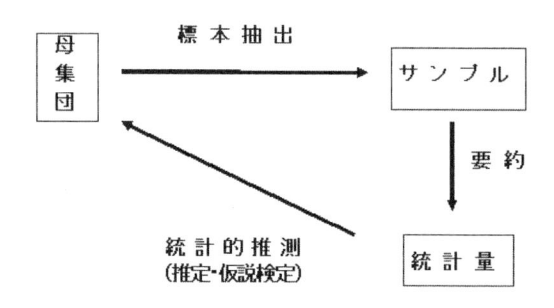

図 **3.1** 統計的推論の構図

3.1.3　サンプルのバラツキ

A.　二項母集団

> **課題 3.2**　ある母集団の，WA ウイルスの保有率は p であるといわれてい
> ます．この母集団から 10 人を無作為に抽出するとき，抽出された人の
> 中に WA ウイルスの保有者が r 名いる確率はどれくらいだろうか？

　母集団から抽出されたサンプルの値は偶然的な変動を伴って実現するので確定
的ではありません．しかし，どのような値がどれくらいの可能性で実現するかに
関しては一定の法則性があり，この法則は，確率として数値で表されます．課題
3.2 は，表が出る確率が p のコインを 10 回投げるとき，r 回表が出る確率を求め
るのと同じことと考えることができるので，求める確率は

$$_{10}\mathrm{C}_r p^r (1-p)^{n-r} \tag{3.1}$$

で与えられます．ここで $_{10}\mathrm{C}_r$ は 10 個の中から r 個を取り出す組合せの個数を
表す記号で

$$_{10}\mathrm{C}_r = \frac{10!}{r!(10-r)!}, \quad \text{ただし } r! = 1 \times 2 \times \cdots \times r$$

を表します．

　図 3.2 は，$p = 0.2$ のとき，$r = 0, 1, 2, \ldots, 10$ の各々の場合にこの確率の値を
求めて描いたヒストグラムです．抽出された 10 人の中のウイルス保有者数は 0
名から 10 名までの可能性がありますが，図より 2 名の可能性が最も大きいこと，
また 1 名の可能性もかなり大きいこと，しかし 7 名以上含まれる可能性はほとん
どないことが分かります．このように，サンプルの変動には一定の法則があるこ
とが分かります．変動の様子を表した図 3.2 のような図を一般に**確率分布**といい
ます．

確率分布

バラツキ　　　本書では，偶然的な変動のことをバラツキ (variation) とよぶことにします．
　　課題 3.2 のように，起こる可能性が Yes か，No かの 2 つしかない母集団のこ
二項母集団　　とを**二項母集団**といいます．また，二項母集団からとられたサンプルの分布のこ

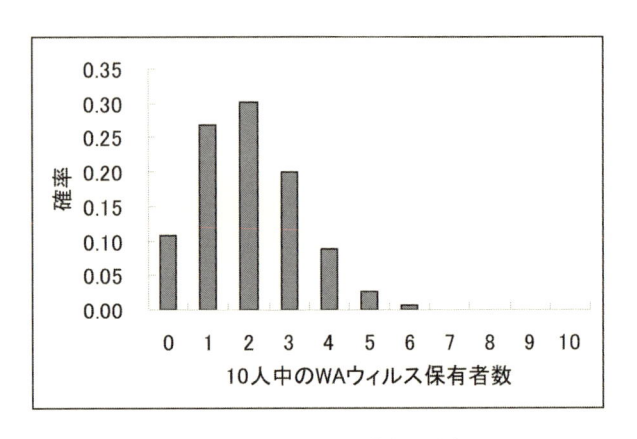

図 **3.2**　課題 3.2 の確率の分布

とを**二項分布 (binomial distribution)** といいます．二項分布は，コインを投げる回数 n と表が出る確率 p で定まることから記号 $B(n,p)$ を用いて表します．式 (3.1) で与えられた二項分布は $B(10,0.2)$ で表されます．

二項分布

課題 3.2 で，母集団の WA ウイルス保有率 p は通常未知です．p のことを**母数**（パラメータ：**parameter**）といいます．

母数
パラメータ

例題 3.1　課題 3.2 で $p = 0.2$ のとき，WA ウイルス保有者が無作為に抽出された 10 名の中で 5 名以上いる確率はどれくらいだろうか？

例題 3.1 の解

Excel の関数キー [BINOMDIST] を使って求めます．

1. Excel シートのセル A1 をクリックしておき，メニューの [f_x] をクリックすると [関数の挿入] 画面がでます．[関数の分類 (C)] で [統計] を選択し，[関数名 (N)] の中から [BINOMDIST] を選択して，[OK] ボタンをクリックします．

2. [関数の引数] 画面が出るので，[成功数]，[試行回数]，[成功率]，[関数形式] にそれぞれ 4，10，0.2，TRUE とインプットして，[OK] ボタンをクリックすると，セル A1 に二項分布 $B(10,0.2)$ の $x = 0,1,2,3,4$ の確率の和（累積確率）がアウトプットされます．

3. 5 名以上いる確率を求めるには，1 から 4 名以下の確率を引けばよいので，セル A2 をクリックして [＝ 1 − A1] とインプットすると求める確率 0.033 がアウトプットされます．

問題 3.1　あるレベルの脳卒中患者のリハビリでは，自立歩行できるまでに 6 割の患者が 3 か月を要するといわれています．ある病院で新しい試みのリハビリを導入したところ，該当レベルの 10 人の患者のうち 8 人の患者が 3 か月以内に自立歩行可能となりました．従来のリハビリを続けた場合，10 人中 8 人以上の患者が 3 か月以内に自立歩行可能となる確率を求めなさい．

B.　正規母集団

課題 3.3　メタボ健診は，40〜74 歳の医療保険加入者全員を対象としています．ある都市でメタボ健診を受けた男性全員の収縮期血圧の平均値は μ mmHg，標準偏差は σ mmHg でした．この都市に住むメタボ健診対象の男性をランダムに 1 人抽出するとき，この男性の収縮期血圧の値が 140mmHg 以上である確率はどれくらいだろうか？ ただし，$\mu = 120, \sigma = 8$ とする．

■ **注 3.1** μ, σ はギリシャ語の文字で，μ はミュー，σ はシグマと読みます．巻末にギリシャ文字の読み方の表を与えています．

　課題 3.3 の母集団は，この都市に居住するメタボ健診対象者の男性全体です．母集団における収縮期血圧の相対頻度のヒストグラムは図 3.3 のような，左右対称な釣鐘型の連続な曲線で近似できます．この分布を**正規分布 (normal distribution)** といい，正規分布をもつ母集団のことを **正規母集団** といいます．平均値 μ と標準偏差 σ は，それぞれ**母平均 (population mean)**, **母標準偏差 (population standard deviation)** とよばれる母数（パラメータ）です．μ と σ が決まれば，正規分布は完全に決まります．このことから，平均値 μ，標準偏差 σ の正規分布を記号 $N(\mu, \sigma^2)$ で表します．

正規分布
正規母集団
母平均
母標準偏差

　課題 3.3 の求める確率は，図 3.3 の斜線の部分の面積で与えられます．

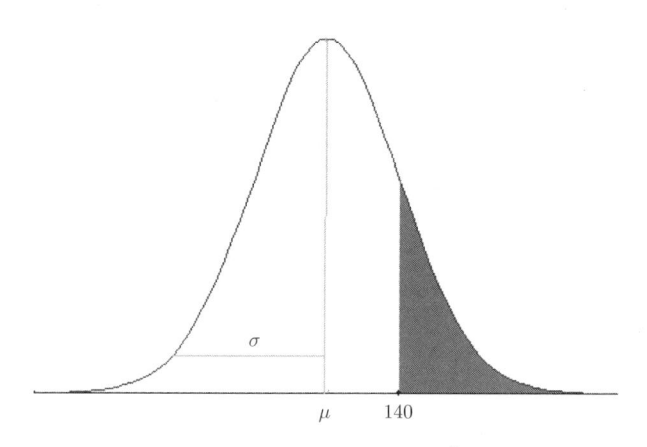

図 3.3　正規分布 $N(120, 8^2)$

　以上で学んだことから明らかなように，課題 3.2 や課題 3.3 の確率は，母集団の母数（p, μ, σ など）を与えて，はじめて数値的に計算できることになります．サンプルを通して母数の値を推測することが統計的調査の目的です．

課題 3.3 の解

$\mu = 120, \sigma = 8$ として，Excel の関数キー [NORMDIST] を使って求めます．

1. Excel シートのセル B1 をクリックしておき，メニューの関数キー [f_x] をクリックすると [関数の挿入] 画面が出るので，[関数の分類 (C)] で [統計] を選択し，[関数名 (N)] の中から [NORMDIST] を選択して，[OK] ボタンをクリックします．

2. [関数の引数] 画面が出るので，[X]，[平均]，[標準偏差]，[関数形式] にそれぞれ 140, 120, 8, TRUE とインプットして，[OK] ボタをクリックすると，セル B1 に正規分布 $N(120, 8^2)$ の $x = 140$ 以下の確率（累積確率）0.994 がアウトプットされます．

3. 140mmHg 以上の確率は，1 から 140mmHg 以下の確率を引けばよいので，

セル B2 をクリックして [＝ 1 − B1] とインプットすると，求める確率 0.006
がアウトプットされます．

問題 3.2 課題 3.3 で $\mu = 120$，$\sigma = 8$ のとき，収縮期血圧の値が 149
(mmHg) 以上である確率を求めなさい．

3.1.4 推測とサンプルのバラツキ

ある疾患の治療法に A，B，C の 3 つの方法があって，それぞれの方法による
治癒率を 0.2，0.4，0.8 とします．図 3.4 は，各治療法で 10 名ずつの患者を治療
するときの治癒率の確率分布です．図から，次のようなことが分かります．

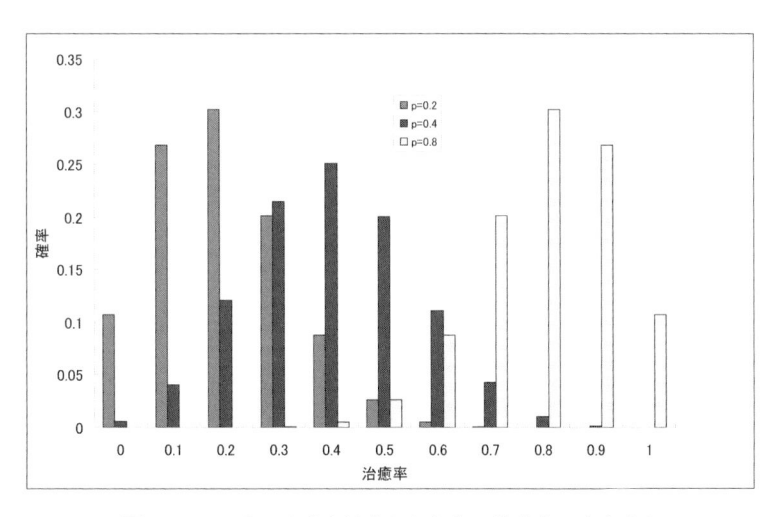

図 3.4 10 人の患者を治療したときの治癒率の確率分布

- A 法による治癒率は真の治癒率 0.2 の周りに分布している．
- B 法による治癒率は真の治癒率 0.4 の周りに分布している．
- C 法による治癒率は真の治癒率 0.8 の周りに分布している．
- A 法と B 法による治癒率の分布は重なりが大きい．
- A 法と C 法では分布の重なりは小さい

さて，治癒率は分からないのが普通です．そこで，いま，治癒率を調べることが
統計的推測の目的であるとします．このとき，10 名の患者がサンプル（データ）
です．図 3.4 から，次のことが分かります．

- 10 名の患者のデータから治癒率 0.2 と 0.4 のような小さな差を見分けること
  は困難である．
- しかし治癒率 0.2 と 0.8 のような大きな差ならば，10 名の患者のデータから
  でも，完全に見分けることはできないけれども，見分けることは可能である．

次に図 3.5 について考えてみます．図 3.5 は，上と同じ治療法 A，B，C を 50

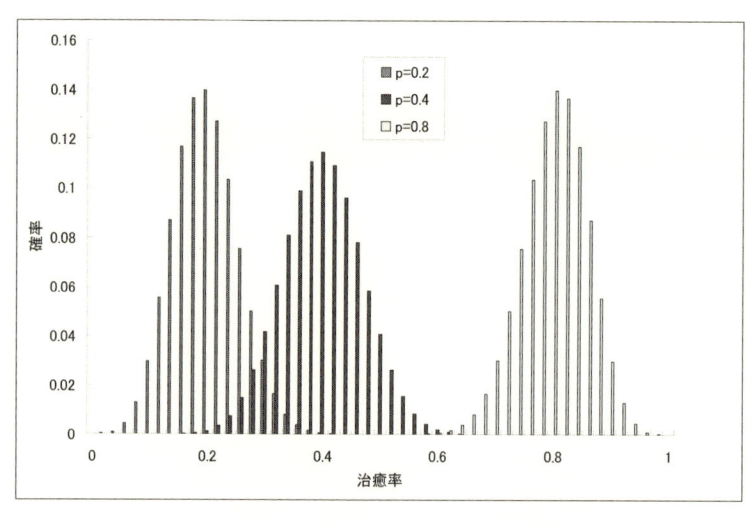

図 3.5 50 人の患者を治療したときの治癒患者数の確率分布

名の患者に適用したときの治癒率の確率分布です．10 名から 50 名に人数を増やしたのがポイントです．山が高くなりバラツキの範囲が狭くなっていることに注意してください．図 3.4 の場合と同様に，A 法による治癒率は 0.2 の周りに分布しており，B 法による治癒患者数は 0.4 の周りに分布していますが，図 3.4 の場合とは異なって分布の重なりは小さくなっています．これくらいの重なりなら，治癒率が分からないとき，0.2 と 0.4 くらいの治癒率の差を見分けるのは，間違える確率もまだかなり大きいとはいえ，ある程度可能です．分布の重なりが小さくなった，言い換えれば，バラツキが小さくなったためです．一般に，サンプルサイズを増やすと治癒率のバラツキが小さくなり推測の精度が上がります．統計的な推測はこのように，どれくらいの大きさの差を見分けたいのかや，サンプルのバラツキの大きさを考慮しながら適正なサンプルサイズを決めた上で行われます．

3.2 統計的仮説検定

> **課題 3.4** 糖尿病と診断された患者は一定期間教育入院して生活習慣などの指導を受けるとともに，最適薬剤の選択などが行われます．また，退院後は毎日自分で血糖値を測定し糖尿病手帳に記録して血糖値の管理を行い，定期的に健診を受けます．A さんは，教育入院期間中の血糖値の記録はプラス（110mg/dl 以上）の日が 50%，マイナス（110mg/dl 未満）の日が 50% で，退院後食事療法を受けている軽度の糖尿病患者です．定期健診を受けるため来院した A さんの糖尿病手帳に記録された血糖値は，この 10 日間のうち 9 日間でプラスでした．A さんの血糖値は悪化したといえるだろうか？

3.2.1 はじめに

教育入院期間中は，プラスの日は 50% だったから，もし，A さんの糖尿病が悪化していなければ プラスの日は $10 \times 0.5 = 5$ 日であることが期待されます．それにもかかわらず実際に観察されたプラスの日が 9 日もあったので「悪化したのではないか」という問いが発せられたわけです．他方，この問いの背景には「コインを 10 回投げるとき 9 回以上表が出る場合だってある」，だから 9 日間プラスの日があったからといって必ずしも「悪化した」とはいえないかもしれない，という考えもあるように思われます．

このようなとき，「もし悪化していないとすると，9 日以上プラスの日が起こる確率はいかほどか」と考えて，その確率の大きさを吟味することによって判定すると便利です．本節では，その方法について学習します．

3.2.2 検定の方式

- 課題 3.4 のような問いを発する医療従事者は，悪化したのではないかという疑いをもってそのエビデンス（証拠）を得たいと考えています．そこで，背理法的に考えて，まず「悪化していない」と仮定します．
- この仮定が，得られたデータと両立しないとき，言い換えれば，この仮定のもとで 9 日以上の悪化の日が出現する確率がきわめて小さいとき，「悪化していない」という仮定を否定します．
- 「悪化していない」という仮定のことを**帰無仮説 (null hypothesis)** といい，通常 H_0 で表します，すなわち

帰無仮説

帰無仮説　　H_0：A さんの血糖値は悪化していない．

- データに基づいて帰無仮説を正しくないと判断するとき，帰無仮説を**棄却 (reject)** するといいます．

棄却

- 帰無仮説が棄却されるとき正しいと想定される状況を**対立仮説 (alternative hypothesis)** といい，通常 H_1 で表します．

対立仮説

上のように，データに基づいて H_0 を棄却するか，H_0 を棄却しないかを決定するための統計的手法を**統計的仮説検定 (statistical hypothesis test)**，あるいは**仮説検定**，または，単に**検定**といいます．H_0 が棄却されれば，当然 H_1 が採択されます．

統計的仮説検定
仮説検定
検定

検定において，本当は帰無仮説が正しいのにこれを棄却する誤りを**第一種の誤り (type I error)**，本当は帰無仮説が正しくない（対立仮説が正しい）のにこれを棄却しない誤りを**第二種の誤り (type II error)** といいます．これらの誤りは，表 3.3 のように表されます．

第一種の誤り
第二種の誤り

一定のサンプルサイズのもとでは第一種と第二種の両方の誤り確率を同時に小さくすることはできません．そこで検定では，第一種の誤りの確率はあらかじめ定めておいた値（通常は 1%，あるいは 5%）以下であって，第二種の誤りの確率ができるだけ小さくなるような検定法で検定を行います．あらかじめ定めておくこの値を**有意水準 (significance level)** といい，通常 α で表します．α はギリ

有意水準

表 **3.3**　検定における第一種と第二種の誤り

統計的判断	真の状態	
	H_0	H_1
H_0	正しい判断	第二種の誤り
H_1	第一種の誤り	正しい判断

シャ語の文字でアルファと読みます.

3.2.3　p 値

- 仮説検定では，まず帰無仮説と対立仮説，および有意水準を決定します. 課題 3.4 では帰無仮説および対立仮説は

    H_0：A さんの血糖値は悪化していない.

    H_1：A さんの血糖値は悪化した.

    のように設定できます. H_0 vs. H_1 を有意水準 5%で検定することにします.

- 「悪化していない」と仮定して，プラスの日が 9 日以上である確率を求めると 0.011 となります. この確率のことを **p 値**といいます. 一般的に，p 値とは H_0 を正しいと仮定したとき，観測されたデータと同じか，またはそれ以上に強く対立仮説を支持するデータが得られる確率のことです.

- p 値が有意水準 α 未満のとき，「有意水準 $100 \times \alpha$%で帰無仮説 H_0 を棄却」して「対立仮説 H_1 を採択」します. 課題 3.4 の場合，p 値 = 0.011 は有意水準 5%より小ですから「有意水準 5%で A さんの血糖値が悪化したというエビデンスが得られた」と判定します.

- p 値が有意水準 α 以上のとき，「有意水準 $100 \times \alpha$%で帰無仮説 H_0 は棄却されなかった」，つまり「有意水準 5%で A さんの血糖値が悪化したというエビデンスは得られなかった」と判定します.

p 値

> **問題 3.3**　問題 3.1 において
>   帰無仮説 H_0：新しい試みのリハビリの効果は従来のと同じ.
>   対立仮説 H_1：新しい試みのリハビリの効果は従来より上がった.
> を有意水準 5%で検定しなさい.

3.2.4　帰無仮説と対立仮説

> **課題 3.5**　患者 60 名をランダムに 30 名と 30 名の 2 群に分け，一方の群の患者は A 法，他方の群の患者は B 法で治療したところ，表 3.4 が得られた. A 法，B 法で治癒率に差があるだろうか?

課題 3.5 において，未知である A 法の治癒率を p_A，B 法の治癒率を p_B と置くと，帰無仮説は

$$H_0: p_A = p_B$$

表 3.4 治療法 A, B の比較

	治癒	非治癒	計
A 法	10	20	30
B 法	18	12	30

であり,対立仮説としては

$$H_1: p_A \neq p_B, \quad H_2: p_A > p_B, \quad H_3: p_A < p_B$$

の 3 通りが考えられます.それぞれの仮説に対応する集合を数直線上に図示すれば図 3.6 のようになります.p_A, p_B は母集団の比率を表していることに注意してください.これらを**母比率 (population proportion)** といいます.

母比率

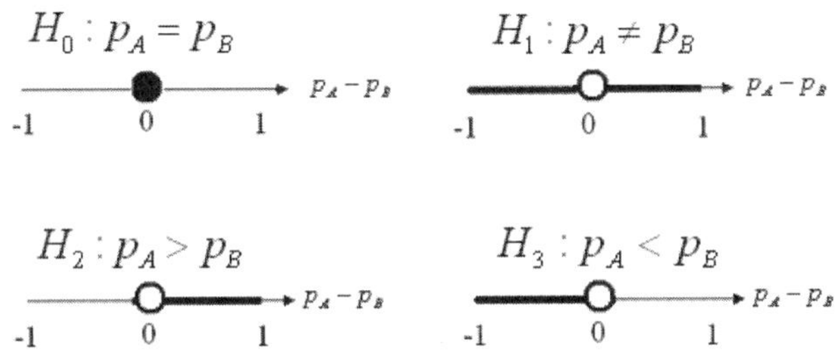

図 3.6 帰無仮説,両側対立仮説,片側対立仮説

H_1 を**両側対立仮説 (two-sided alternative hypothesis)**,H_2 および H_3 を**片側対立仮説 (one-sided alternative hypothesis)** といいます.どのような対立仮説を選ぶのかは事前の情報によります.A 法と B 法の優劣に関する事前の情報がなければ H_1 を選びます.もし,A 法が旧治療法で B 法が新治療法であって,少なくとも B 法が A 法に劣ることはない,という根拠があれば,対立仮説として H_3 を選ぶことができます.同一の有意水準では片側対立仮説のほうが帰無仮説は棄却されやすくなります.したがって,言いすぎの危険性を避けるために,多くの場合,統計的検定では両側対立仮説が設定されます.

両側対立仮説
片側対立仮説

> **問題 3.4** 課題 3.4 において,定期健診日直近に A さんの血糖値がプラスとなる日数の割合を p で表します.このとき課題 3.4 の帰無仮説と対立仮説を p を用いて表しなさい.

3.2.5 両側対立仮説の場合の p 値

課題 3.5 の帰無仮説を両側対立仮説に対して検定する場合の p 値について考えます.帰無仮説と対立仮説は,次のように表されます.

$$\text{帰無仮説} \quad H_0: p_A = p_B, \quad \text{対立仮説} \quad H_1: p_A \neq p_B$$

データから計算される A 法による治癒率 p_A の推定値は $\hat{p}_A = 10/30$，データから計算される B 法による治癒率 p_B の推定値は $\hat{p}_B = 18/30$ です．母比率に対してこれらの推定値のことを，**標本比率 (sample proportion)** といいます．

標本比率

　直感的にみて，$\hat{p}_A - \hat{p}_B$ の絶対値が大きければデータは H_0 を否定して，H_1 を支持していると考えるのが妥当です．このことから，両側対立仮説の場合の p 値は，データのバラツキを考慮して，観測された $|\hat{p}_A - \hat{p}_B|$ の値，およびこの値より大きな値が得られる確率を，帰無仮説のもとで算出した値となります．

3.2.6　標準誤差

$\hat{p}_A - \hat{p}_B$ のバラツキの大きさは，$\hat{p}_A - \hat{p}_B$ の標準偏差で表すことができます．これを，$\hat{p}_A - \hat{p}_B$ の **標準誤差 (standard error)** といいます．標準誤差は記号 SE で表されます．特に，帰無仮説のもとでの $\hat{p}_A - \hat{p}_B$ の SE は，次式で与えられます．

標準誤差

$$SE = \sqrt{\bar{p}(1-\bar{p})\left(\frac{1}{n_A} + \frac{1}{n_B}\right)}. \tag{3.2}$$

ただし，n_A，n_B はそれぞれ治療法 A，B のサンプルサイズ，すなわち課題 3.5 では $n_A = n_B = 30$，$\bar{p}$ は治療法 A，B の治療者を合併した治癒率，すなわち

$$\bar{p} = (10 + 18)/(30 + 30)$$

です．

　前節で，$\hat{p}_A - \hat{p}_B$ の絶対値が大きければデータは H_1 を支持していると考えるのが妥当であると述べました．絶対値が大きいか小さいかは，$\hat{p}_A - \hat{p}_B$ のバラツキの大きさ，すなわち SE の値と比べて判断すべきです．

　p 値が有意水準 α 以下のとき帰無仮説を棄却する上で述べた検定は

$$\frac{|\hat{p}_A - \hat{p}_B|}{SE} > z(\alpha/2) \tag{3.3}$$

のとき H_0 を棄却して $p_A \neq p_B$ とする，といい直すことができます．ここで，$z(\alpha/2)$ は標準正規分布の上側 $\alpha/2$ 点とよばれ，図 3.7 のように分布の左右のスソの面積（確率）を $\alpha/2$ にする点のことです．$\alpha = 0.05$ のとき $z(\alpha/2) = 1.96$，$\alpha = 0.01$ のとき $z(\alpha/2) = 2.58$ です．

3.2.7　検定の留意点

- 検定の主眼は，帰無仮説を棄却することによって対立仮説を立証することに置かれています．帰無仮説が棄却されないときは，対立仮説が正しいにもかかわらず，サンプルサイズが小さくてそのエビデンスが示されなかった場合と帰無仮説が正しい場合の 2 通りの可能性が考えられます．したがって，帰無仮説が棄却されないからといって帰無仮説が成り立つことが立証されたと考えるのは短絡です．
- 式 (3.2) はサンプルサイズ n_A，n_B を大きくすると SE が小さくなることを示しています．また，判定法の式 (3.3) は，SE が小さくなると左辺の分数の

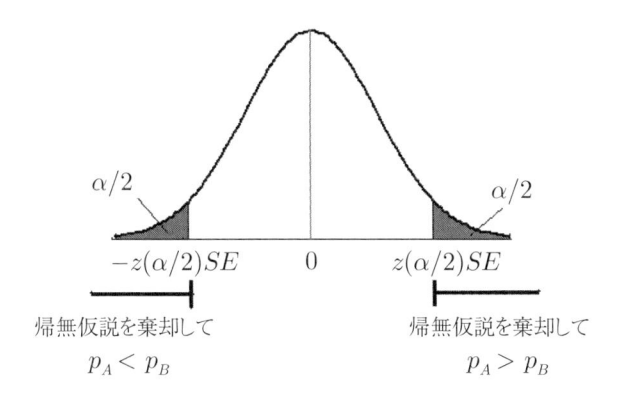

図 **3.7** $H_0\colon p_A = p_B$ vs. $H_1\colon p_A \neq p_B$

H_0 の下での $\hat{p}_A - \hat{p}_B$ の分布

値が大きくなるため帰無仮説が棄却されやすいことを示しています．つまり，サンプルサイズを大きくすると，帰無仮説は棄却されやすくなります．たとえ実質的な差異がなくてもサンプルサイズが大きいと帰無仮説が棄却されることもあるので注意が必要です．

● 逆にサンプルサイズが小さいと，母比率の間に実質的な大きな差があっても，帰無仮説は棄却されにくくなります．

上に述べた留意点を次の例によって，さらに考えてみることにします．

例題 3.2 （サンプルサイズと p 値）

表 3.5 は，施設入所介護サービスと在宅介護サービスの利用者間に，介護認定度の改善，または悪化に関して差があるのではないかと考えて行われた調査の一部で，脳疾患あるいは認知症があると診断された利用者に限った場合のデータです（出典：永田 (2003)）．有意水準 5%で，次の帰無仮説 H_0 と対立仮説 H_1 の検定をしなさい．

H_0：改善に関して，施設入所介護サービスと在宅介護サービス
利用者の間に差はない．

H_1：改善に関して，施設入所介護サービスと在宅介護サービス
利用者の間に差がある．

表 **3.5** 施設入所看護サービスと在宅看護サービスの比較

	改善	非改善	計
施設 (A)	15	129	144
在宅 (B)	8	30	38

解説 施設を A，在宅を B として，改善の割合を p_A，p_B で表すと，この検定問題は

$$H_0\colon p_A = p_B \quad \text{vs.} \quad H_1\colon p_A \neq p_B$$

と表すことができるので，上で述べた検定の方法が適用できて

$$\hat{p}_A - \hat{p}_B = \frac{15}{144} - \frac{8}{38} = -0.106,$$

$$\bar{p} = \frac{15 + 8}{144 + 38} = 0.126,$$

$$SE = \sqrt{0.126(1 - 0.126)\left(\frac{1}{144} + \frac{1}{38}\right)} = 0.061,$$

$$z = \frac{-0.106}{0.061} = -1.757$$

となり，$z(0.025) = 1.96$ で，$|-1.757| < 1.96$ です．よって，判定方式 (3.3) から，有意水準が 5% のとき，「H_0 は棄却できない，すなわち改善に関して，施設入所介護サービスと在宅介護サービス利用者の間に差があるというエビデンスはこの調査から得られなかった」と結論されます．なお，この検定の p 値は 0.08 と算出され，p 値 > 0.05 ですから p 値を用いても同じ結果となります．

ところで，この調査は，在宅介護サービス利用者と施設入所介護サービス利用者の人数がほぼ等しくなるように設計されています．ところが，施設入所介護サービス利用者の圧倒的多数が脳疾患または認知症をもった利用者で，在宅介護サービス利用者の多数はこれらの疾患をもたない利用者であることが調査の結果分かりました．そこで，表 3.5 では，比較可能性を重んじて脳疾患または認知症をもつ利用者に限った比較が行われました．その結果，在宅介護利用者の総数が 38 名ときわめて少数になっています．

もし調査を行う前にそのような事情が分かっていて，施設入所介護サービスと在宅介護サービスの比較を行うのなら，脳疾患または認知症をもつ利用者数を増やすために調査する在宅介護サービス利用者の人数を増やすべきです．いま，仮に在宅介護サービス利用者で脳疾患または認知症をもった利用者の人数を表 3.5 の 3 倍に増やしたとします．このとき，改善した利用者の割合は表 3.5 の場合と変わらないとします．

表 3.6 は，このように想定したときの表です．表 3.6 と表 3.5 の違いは，在宅介護サービス利用者のサンプルサイズが変わっただけで，施設入所介護サービスと在宅介護サービス利用者の改善率は 2 つの表で同一です．表 3.6 に検定を適用して p 値を求めると，p 値$=0.02$ になります．p 値 < 0.05 ですから，有意水準が 5% のとき帰無仮説 H_0 は棄却できます．つまり，「改善に関して，施設入所介護サービスと在宅介護サービス利用者の間に差があるというエビデンスが得られた」と結論されます．上の結論とは逆の結果です．

表 3.6　施設入所看護サービスと在宅看護サービスの比較
仮想データ

	改善	非改善	計
施設 (A)	15	129	144
在宅 (B)	24	90	114

　このように各カテゴリーの相対頻度が一定の割合であっても，サンプルサイズが大きくなると，サンプルのバラツキの影響が相対的に小さくなって，検定結果は有意になります．検定の結果は，注意深く吟味して決定したサンプルサイズを前提にしなければ意味をもたないことを示しています．

3.3　検出力とサンプルサイズ

　上で学んだように，検定には2種類の仮説と2種類の誤りが存在します．対立仮説が真のとき帰無仮説を正しく棄却する確率，すなわち

$$1 - [\text{第二種の誤りの確率}]$$

を**検出力 (power)** といいます．検出力は対立仮説が真のとき，対立仮説を採択する確率を表すので，検出力が大きい検定ほどよい検定であるといえます．

検出力

3.3.1　課題 3.4 の検出力

　課題 3.4 で与えられた検定問題に焦点を当てて検出力について考えます．定期健診日直近に A さんの血糖値がプラスである日数の割合を p で表すと，帰無仮説は

$$H_0 : p = 0.5$$

で表されます．また，対立仮説は $H_1 : p > 0.5$ と表されますが，検出力は p の値を設定しなければ計算できないため，ここでは特に，次の3つの対立仮説を考えます．

$$H_{11} : p = 0.55, \quad H_{12} : p = 0.6, \quad H_{13} : p = 0.7.$$

H_{11}，H_{12}，H_{13} のいずれも $p > 0.5$ の範囲で，H_{11} と H_0 の間の p の差異は 0.05，H_{12} と H_0 の間の p の差異は 0.1，H_{13} と H_0 の間の p の差異は 0.2 に設定されており，H_{11}，H_{12}，H_{13} の順で H_0 から離れています．

　表 3.7 に，H_0 に H_{11} を対比させる場合，H_0 に H_{12} を対比させる場合，H_0 に H_{13} を対比させる場合のそれぞれの場合にサンプルサイズを 10 から 60 までの範囲で変化させて計算した検出力を与えました．

表 **3.7**　検出力

サンプルサイズ (n)	0.5 vs. 0.55	0.5 vs. 0.6	0.5 vs. 0.7
10	0.08	0.16	0.52
15	0.12	0.32	0.87
20	0.17	0.52	0.99
25	0.24	0.71	1.00
30	0.32	0.86	1.00
56	0.80	1.00	1.00
60	0.85	1.00	1.00

　表 3.7 より，次のことが分かります．

- サンプルサイズを増やすと検出力は増加する.
- 対立仮説が帰無仮説から離れるほど検出力は増加する.
- $H_0: p = 0.5$ vs. $H_{13}: p = 0.7$ のときサンプルサイズ $n = 15$ で 80% 以上の検出力が達成されるが, $H_0: p = 0.5$ vs. $H_{12}: p = 0.6$ のとき 80% 以上の検出力を達成するには $n = 30$ が必要, さらに $H_0: p = 0.5$ vs. $H_{11}: p = 0.55$ のとき 80% 以上の検出力を達成するには $n = 56$ のサンプルが必要.

3.3.2 サンプルサイズの決定

前項のまとめより, サンプルサイズは, 有意水準, 検出力, 帰無仮説のもとでのパラメータの値およびこのパラメータの値とどれだけ離れたパラメータの値を検出したいかに依存していることが分かりました. 言い換えれば, サンプルサイズを決定するためには, あらかじめこれらの値を指定する必要があります.

- 多くの場合, 有意水準は 5%, 検出力は 80% に指定されます.
- したがって, サンプルサイズを決定するには
    ○ 帰無仮説のもとでのパラメータの値
    ○ 帰無仮説のもとでのパラメータの値とどれだけ離れた値を検出したいのかという対立仮説のもとでのパラメータの値

  を指定する必要があります.

具体的なサンプルサイズ決定法は, 本書のレベルを超えるので省略します. 興味ある読者は, 柳川 (2002), 永田 (2003) らのテキストを参照してください.

3.4 区間推定

課題 3.6 課題 3.5 のデータから, A 法と B 法の母比率の差 $p_A - p_B$ の信頼度 95% の信頼区間を求めなさい.

3.4.1 はじめに

p_A, p_B の推定値は, それぞれ

$$\hat{p}_A = \frac{10}{30} = 0.33, \quad \hat{p}_B = \frac{18}{30} = 0.60$$

でした. よって, A 法, B 法の治癒率の差 $p_A - p_B$ の推定値は

$$\hat{p}_A - \hat{p}_B = 0.33 - 0.60 = -0.27$$

ポイント

となり, B 法のほうが A 法より 27%（27 ポイント）治癒率が高いと結論されます. しかし, この結論は, 表 3.4 のデータを固定したときの結論です. もう一度データを取り直すと, 差が 27 ポイントとなるとは限りません. データにはバラツキがあり, 表 3.4 と同じデータが再現されるとは限らないからです. データのバラツキ

を考慮して治癒率の差などの未知パラメータを推定するのが**区間推定 (interval estimation)** です. 本節では区間推定について学びます.

3.4.2 信頼区間

$\hat{p}_A - \hat{p}_B$ のバラツキの大きさは, 標準誤差 (SE) で与えられることを学びました. (3.2) 式で与えた SE は, 帰無仮説のもとでの SE でした. ここでは, 次のように与えられる(帰無仮説を仮定しない)一般の場合の SE を用います.

$$SE = \sqrt{\frac{\hat{p}_A(1-\hat{p}_A)}{n_A} + \frac{\hat{p}_B(1-\hat{p}_B)}{n_B}} \qquad (3.4)$$

この SE に対して, 区間

$$(\hat{p}_A - \hat{p}_B - 1.96 \cdot SE, \ \hat{p}_A - \hat{p}_B + 1.96 \cdot SE)$$

は, ほぼ 95% の確率で $p_A - p_B$ を含むことが知られています. この区間のことを **信頼度 95%**, または**信頼水準 95%** の $p_A - p_B$ の**信頼区間 (confidence interval)** といいます. さまざまなパラメータに対して信頼区間を作ることができ, 作り方もパラメータによって異なりますが, 一般に, 信頼度 95% の信頼区間とは 95% の確率で未知パラメータを含む区間のことです.

課題 3.6 の解

$n_A = n_B = 30$, $\hat{p}_A = 0.33$, $\hat{p}_B = 0.60$ ですから

$$\hat{p}_A - \hat{p}_B = -0.27,$$

$$SE = \sqrt{\frac{0.33(1-0.33)}{30} + \frac{0.6(1-0.6)}{30}} = 0.12.$$

よって, 信頼度 95% の $p_A - p_B$ の信頼区間は, $(-0.39, -0.15)$.

例題 3.3 (1) 表 3.5 から, 施設介護サービスと在宅介護サービスの改善率の差の信頼度 95% の信頼区間を求めなさい.

(2) 表 3.6 から, 施設介護サービスと在宅介護サービスの改善率の差の信頼度 95% の信頼区間を求めなさい.

(3) 上の (1) と (2) で求めた信頼区間を比較しなさい.

例題 3.3 の解

(1) $\hat{p}_A = 15/144 = 0.104$, $\hat{p}_B = 8/38 = 0.211$, $n_A = 144$, $n_B = 38$ より, 信頼度 95% の, 施設介護サービスと在宅介護サービスの改善率の差の信頼区間は

$$[\text{下限}] = -0.106 - 1.96(0.071) = -0.245,$$
$$[\text{上限}] = -0.106 + 1.96(0.071) = 0.033.$$

(2) $\hat{p}_A = 15/144$, $\hat{p}_B = 24/114 = 0.211$, $n_A = 144$, $n_B = 114$ より, 信頼度

95%の，施設介護サービスと在宅介護サービスの改善率の差の信頼区間は (1) と同様にして

$$[下限] = -0.196, \quad [上限] = -0.016.$$

(3) 上の (1) と (2) では $\hat{p}_A$ と $\hat{p}_B$，n_A の値は同一．しかし，n_B の値が (2) は (1) の3倍になっているので，(2) の信頼区間の幅は小さくなり，(2) の信頼区間は (1) の信頼区間の中に含まれます．

　なお，(1) の信頼区間は 0 を含んでいます．このことは，(1) のデータに基づく有意水準5%の検定が有意でなかったことに対応しています．また，(2) の信頼区間は 0 を含まず 0 の左側にあります．このことは，有意水準5%の検定が有意であったことに対応しています．さらに，信頼区間が 0 の左側にあることは，$p_A < p_B$ であること，つまり在宅看護サービスのほうが有意に改善率が高いことを示しています．

第4章
比率の比較

　前の章では，統計的検定や信頼区間など統計的推測の基本について学びました．この章では，比率に特化して2つのサンプルの比較の方法について学びます．検定や推定はコンピュータソフト R2.7.0 を使って行います．

> 本章学習のためのチェック事項
> ★　使う PC に [R2.7.0]，および [chapter4] をダウンロードしたか？
> ★　使用する PC に [sagyo] フォルダを作成したか？
> ★　[sagyo] フォルダに [chapter4] フォルダをコピーしたか？

4.1　対応がないサンプルとあるサンプル

> **課題 4.1**　次の例 4.1 と例 4.2 では，サンプルの取り方のどこが違うのだろうか？
>
> **例 4.1：対応がないサンプル**
>
> - インフルエンザの予防接種をした人としていない人で，インフルエンザの発症割合を比較するとき．
> - 入院している高齢者を対象に，転倒した人としなかった人の運動機能に違いがあるかどうかを調べたいとき．
>
> **例 4.2：対応があるサンプル**
>
> - ある病院で看護師に対して，禁煙教室を行い，禁煙教室前と禁煙教室終了 1 年経過後の喫煙割合に違いがあるかどうかを調べたいとき．
> - 新人看護師の看護技術の到達レベルに対して，新人看護師の自己評価とその新人看護師を一対一で指導する指導看護師の評価の間に違いがあるかどうか調べたいとき．

例 4.1 では，それぞれ別々の対象（個体）から取られたサンプルが比較されます．このようなサンプルのことを**対応がないサンプル**といいます．これに対して，例 4.2 の最初の例では，比較するサンプルは同じ対象（看護師）から取られます．このようなサンプルのことを**対応があるサンプル**といいます．なお，例 4.2 の 2 番目の例では，新人看護師と指導看護師は別々の対象ですが，ペアが 1 組としてとらえられているので，対応があるサンプルです．対応がないサンプルと，対応があるサンプルでは比較の方法が異なります．サンプルに応じて解析の方法を使い分けしなければ，間違った結論が導かれます．

対応がないサンプル

対応があるサンプル

4.2　対応がないサンプルの比較

本節では，課題 4.2 を考えながら対応がないサンプルの比率の比較について学びます．

> **課題 4.2**　[sagyo] フォルダ内の [chapter4] フォルダに置かれた [kadai4.2.xls] は，睡眠薬を服薬している患者 150 人と睡眠薬を服薬していない患者 400 人について，転倒の経験あり，なしを調査したデータです．睡眠薬を服薬している患者と服薬していない患者では，転倒した経験のある割合に偶然よりも大きな差が生じているだろうか？なお，データの入力形式は服薬あり "0"，なし "1"，転倒あり "0"，なし "1" です．

4.2.1　考え方

次の A〜C で考え方を説明します.

A. 2 × 2 表の作成

課題 4.2 のデータは, 表 4.1 のように整理されます. このような表を **2 × 2 表**, 2 × 2 表
あるいは **2 元表** といいます. 2 × 2 表にデータを整理すると, データの特徴が一 2 元表
目で分かります. 表 4.1 は, 睡眠薬を服薬している患者 150 人のうち, 30 人が転
倒した経験があり, 120 人は転倒した経験がないことを示しています. 睡眠薬を
服薬している患者のうち, 転倒者の割合は

$$\frac{30}{150} = 0.20$$

です.

これに対して, 睡眠薬を服薬していない患者 400 人のうち 40 人は転倒した経
験があり, 360 人は転倒した経験がないことも分かります. したがって, 睡眠薬
を服薬していない患者の中で, 転倒者の割合は

$$\frac{40}{400} = 0.10$$

です.

表 **4.1**　睡眠薬の服薬状況と転倒状況の集計表

	転倒の経験あり	転倒の経験なし	計
睡眠薬を服薬している患者	30	120	150
睡眠薬を服薬していない患者	40	360	400
計	70	480	550

B. 比率の検定

表 4.1 から, 睡眠薬を服薬している患者のほうが, 睡眠薬を服薬していない患
者よりも転倒した経験が 10 ポイント多いことが分かりました. しかし, この結果
を睡眠薬を服薬している患者全体と, 服薬していない患者全体に適用することは
できません. 調査をくり返し, 睡眠薬を服薬している新たな患者 150 名と服薬し
ていない新たな患者 400 名を調査すると, 睡眠薬を服薬している患者のほうが,
服薬していない患者よりも, 転倒した経験が再び 10 ポイント高いことなどほと
んどありえません. サンプルには偶然によるバラツキがあるからです. 10 ポイン
トの差が, 偶然による差ではなく, 睡眠薬を服薬したことによる差であることを
示すためには統計的検定を行わなければなりません.

I. 母集団とサンプル

検定を行うには, まず, 母集団の比率とサンプルの比率を区別することが重要
です. 前章で学習したように, 調査の目的はサンプルを調べることによって睡眠
薬を服薬している患者全体と服薬していない患者全体に対してものをいうことで

す．ポイントは「患者全体」です．　患者全体の中での睡眠薬を服薬している人と服薬していない人の転倒経験ありの割合が調べたい対象，すなわち母比率です．母比率をそれぞれ p_A, p_B で表します．また，睡眠薬を服薬している患者 150 名の転倒経験ありの割合と睡眠薬を服薬していない 400 名の患者の転倒経験ありの割合はサンプルの比率，すなわち標本比率です．標本比率を，それぞれ $\hat{p}_A$, $\hat{p}_B$ で表します．

II. 帰無仮説と対立仮説

次に，帰無仮説と対立仮説，および有意水準を設定します．ここでは，有意水準を 5% として両側検定を行うことにします．帰無仮説と対立仮説は，次のように，否定したいことを帰無仮説に，主張したいほうを対立仮説にします．

> **帰無仮説**
>
> H_0：睡眠薬を服薬している患者全体と睡眠薬を服薬していない
> 患者全体の転倒経験ありの割合に差はない．
>
> **対立仮説**
>
> H_1：両者の間に差がある．

上で導入した母比率を用いると，帰無仮説 H_0 と対立仮説 H_1 は次のように表されます．

$$H_0 : p_A = p_B, \quad H_1 : p_A \neq p_B$$

この帰無仮説と対立仮説の検定を **2 標本比率の検定**といいます．

2 標本比率の検定

III. p 値

最後に p 値を算出し，結果を解釈します．前章で 2 標本の検定は，標本比率の差 $\hat{p}_A - \hat{p}_B$ の絶対値とその標準誤差 SE との相対的な大きさを p 値というモノサシで表し，p 値が有意水準より小さければ「帰無仮説を棄却し対立仮説を採択する」こと，また，p 値が有意水準より大きければ，「帰無仮説を棄却するエビデンスが得られなかった」とすればよいことを学びました．統計ソフト R2.7.0 による p 値 の求め方，および課題 4.2 に対する p 値の解釈は，次節で学びます．

C. 信頼区間

母比率の差 $p_A - p_B$ を区間推定するのが目的です．前章で学んだ信頼区間は，標本比率の差 $\hat{p}_A - \hat{p}_B$ の偶然によるバラツキを考慮して母比率の差を推定する方法でした．詳しくいえば，信頼度 95% の信頼区間とは，次のような区間です．

> **信頼度 95% の信頼区間**とは，母集団から同じような調査を 100 回行って，それぞれの信頼区間を 100 個算出したとすると，そのうちの 95 個に真の値が含まれていることを意味する区間のことである．また，信頼度 95% の差の信頼区間が 0 を含む場合は，有意水準 5% の検定で有意な差はないことを意味する．

4.2.2 データの解析

A. チェックポイント

- 何と何の関係を明らかにしたいのか決められており，両者が「Yes」,「No」などの二値変数である．したがってサンプルが 2×2 表に分類できる．
- 対応がないサンプルである．
- 次の帰無仮説を対立仮説に対比する検定である．
  - 帰無仮説 H_0：母比率に差はない $(p_A = p_B)$.
  - 対立仮説 H_1：母比率に差がある $(p_A \neq p_B)$.
  - 有意水準　$\alpha = 0.05$

B. R2.7.0 による解析

　[sagyo] フォルダ内の [chapter4] フォルダに置かれた [kadai4.2.xls] を用いて，R2.7.0 によるデータの解析方法を学びます．

I. データのインポート

　[kadai4.2.xls] ファイルを R2.7.0 にインポートします．

1. R コマンダーのメニューバーの [データ]→[データのインポート]→ [from Excel, Access or dBase data set] を選択すると，[データセット名を入力] 画面が出ます．そこで，適当なファイル名をインプットし，[OK] ボタンをクリックします．ここでは，[Ex4.1 データ] という名前をつけました．

2. Excel のデータシートを開くための画面が表示されます．[sagyo] フォルダ内の [chapter4] フォルダを開き，その中の [kadai4.2.xls] を選択して [開く] ボタンをクリックします．

3. 以上で R2.7.0 へのデータのインポートは完了します．

4. データのインポートが終わると，R コマンダーの [メッセージ欄] にデータセットの名前と，データ構造が 550 行，3 列であることが表示されます．また，メニューバー下の [データセット] の表示欄に青字で [Ex4.1 データ] と表示され，[Ex4.1 データ] が R2.7.0 に正しく読み込まれ，解析されるのを待っていることが確認できます．

II. 2×2 表の作成

　R2.7.0 を用いて [Ex4.1 データ] から表 4.1 の 2×2 表を作る手順は，次のとおりです．

■ **注 4.1**　[kadai4.2.xls] のデータは，数値 0, 1 でインプットされています．このとき，数値を因子に変換する必要があります．ステップ 1 に進んでください．もし，「Yes」,「No」でインプットされていれば，因子に変換する必要はありません．ステップ 1 は飛ばしてステップ 2 に進んでください．

1. R2.7.0 に読み込んだデータをカテゴリーデータに変換します（図 4.1）.

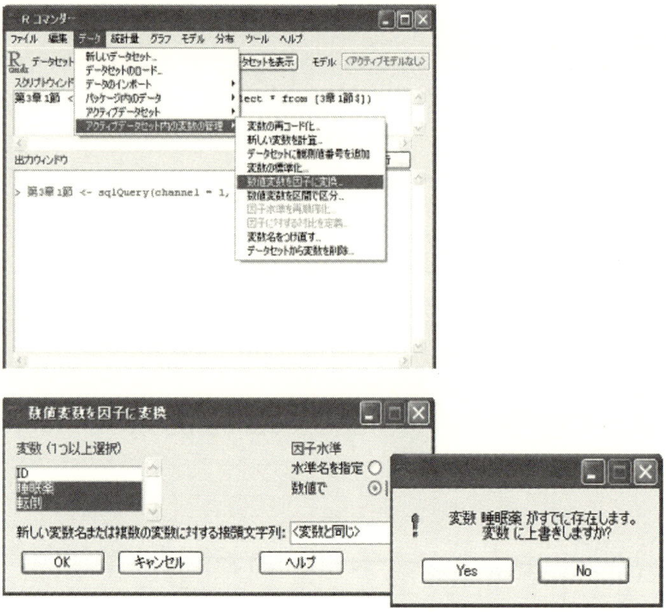

図 **4.1** 数値変数を因子に変換する

メニューバーの［データ］→［アクティブデータセット内の変数の管理］→［数値変数を因子に変換］→［睡眠薬と転倒］を選択して，［数値で］にチェックを入れて［OK］ボタンをクリックします. すると，［変数睡眠薬がすでに存在します. 変数に上書きしますか？］と表示されるので［Yes］をクリックします.

［転倒］についても同様に表示されるので，［Yes］をクリックします.

2. 次に，57 ページの表 4.1 の 2 × 2 表を作成します. R2.7.0 では 2 × 2 表のことを 2 元表とよんでいます.

メニューバーの［統計量］→［分割表］→［2 元表］を選択すると（図 4.2），図 4.3 の 2 元表の入力画面が表示されます. そこで，［行の変数］の"睡眠薬"と［列の変数］の"転倒"を選択し，［パーセントの計算］の行のパーセントにチェックを入れます. ここでは，［仮説検定］のチェックは外しておきます.

3. 最後に［OK］ボタンをクリックすると，出力ウィンドウに 2 つの 2 × 2 表が表示されます（図 4.3）.

上段の 2 × 2 表は，表 4.1 の「計」を取り除いたものと同じ集計表です. 一方，下段の 2 × 2 表は，上段の 2 × 2 表をパーセントで表したものです. "Total" は，行のパーセントの合計 100％を表しています. "Count" は，各行の観測値の合計を表示しています.

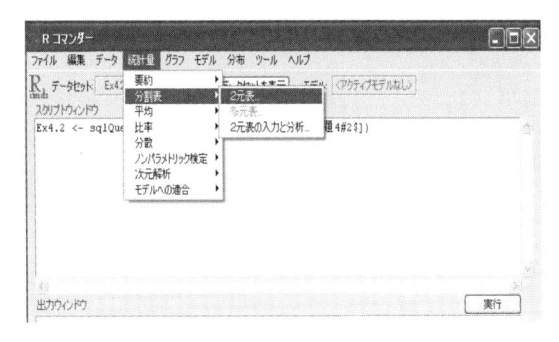

図 **4.2**　2×2 表作成の選択画面

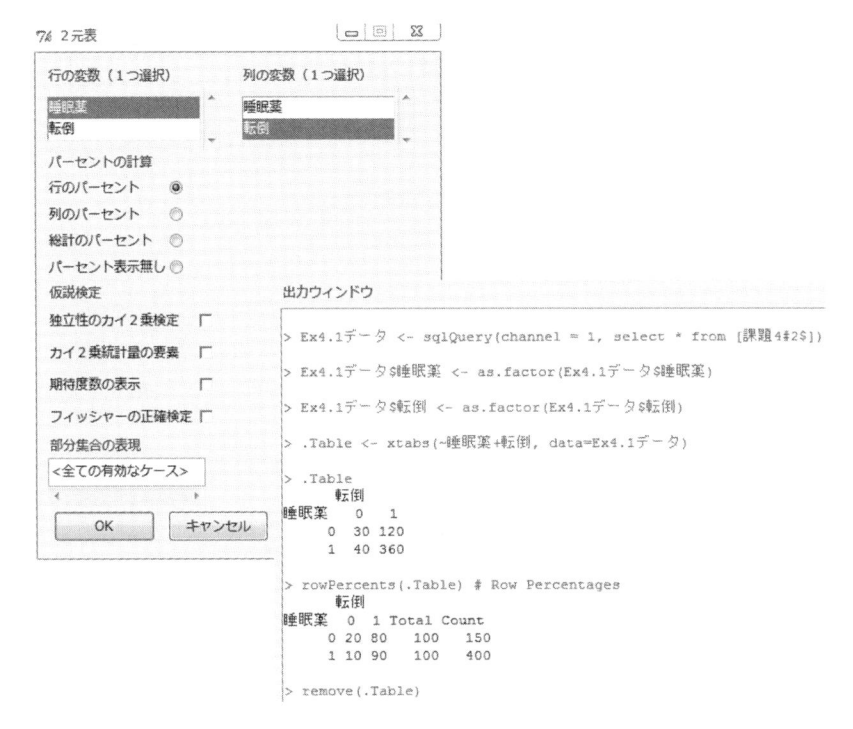

図 **4.3**　2×2 表作成の入力画面と出力ウィンドウ

III. 比率の検定

R2.7.0 に読み込み Ex4.1 データと名前をつけたデータセットを用いて帰無仮説 H_0 を対立仮説 H_1 に対比する検定を行います．手順は，次のとおりです．

1. メニューバーの [統計量]→[比率]→[2 標本比率の検定] を選択すると，画面 [2 標本比率の検定] が表示されます（図 4.4）．この画面で [グループ] の "睡眠薬"，[目的変数] の "転倒" を選択して，[対立仮説] は "両側"，[信頼水準] は ".95"，[検定のタイプ] は "正規近似" を選択して，[OK] ボタンをクリックすると，出力ウィンドウに結果が表示されます（図 4.5）．

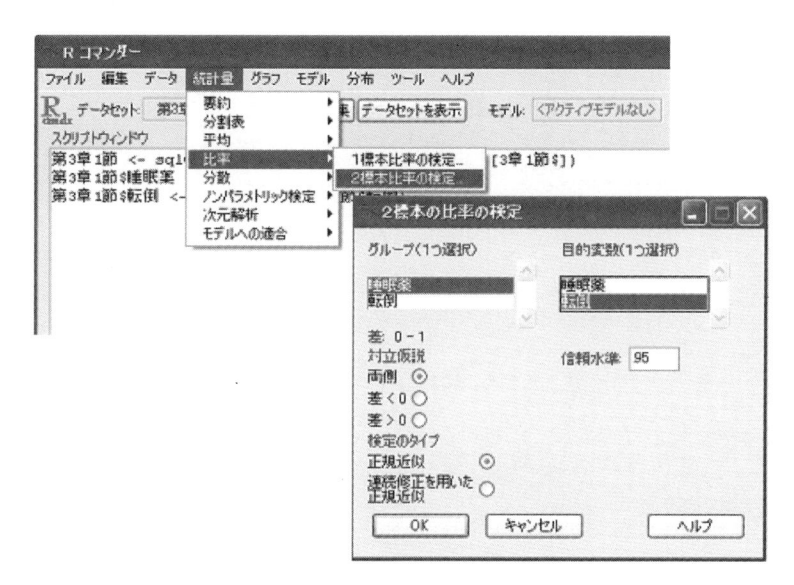

図 **4.4**　2 標本比率の検定

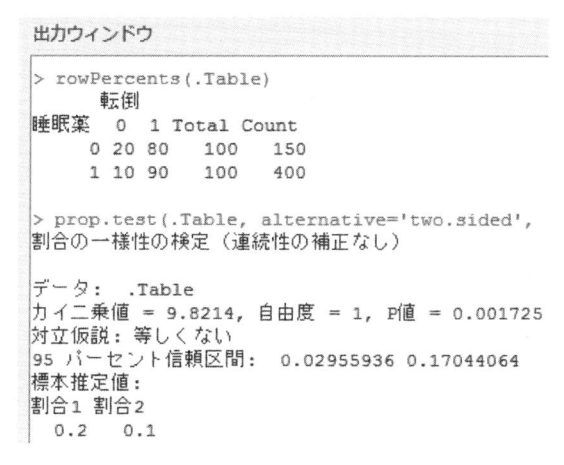

図 **4.5**　検定結果のアウトプット

IV 結果の解釈

　R2.7.0 のアウトプットを解釈します．図 4.6 は，図 4.5 の出力ウィンドウの一部です．図 4.6 の上段には，図 4.3 下段の 2 元表の結果と同じ表が表示されています．

検定結果　検定統計量のカイ二乗値は 9.82 で，p 値は 0.002 です．この値は，有意水準 5％より小さいので帰無仮説は棄却されます．つまり，睡眠薬を服薬している患者の中の転倒した経験のある患者の割合は睡眠薬を服薬していない患者の対応する割合に比べて，有意水準 5％で，有意に異なると結論することができます．一歩踏み込んで，睡眠薬を服薬している患者は睡眠薬を服薬していない患者よりも転倒した経験が有意に多いというためには，次のように信頼区間を利用します．

```
                      転倒
        睡眠薬    0    1    Total    Count
          0    20   80    100      150

          1    10   90    100      400


        割合の一様性の検定 (連続性の補正なし)
        データ: .Table
        カイ二乗値 = 9.82, 自由度 = 1, P 値 = 0.002
        対立仮説: 等しくない
        95 パーセント信頼区間: 0.030   0.170


        標本推定値:
        割合 1 割合 2
          0.2    0.1
```

図 4.6 図 4.5 の出力ウィンドウの一部

信頼区間 95%信頼区間は，(0.030, 0.170) となっています．つまり，睡眠薬を服薬している患者の転倒経験割合と睡眠薬を服薬していない患者の転倒経験割合の真の差が，0.030（3 ポイント）から 0.170（17 ポイント）の間に 95%の確率で含まれることが示されています．この信頼区間は，0 を含んでいないため，有意水準 5%で計算された検定結果と一致します．さらに，この区間は数直線上の 0（原点）の右側にあることから，睡眠薬を服薬している患者の転倒経験の割合は，服薬していない患者の転倒経験の割合よりも有意に大きい，と判定することができます．

最下段 図 4.5 の最下段にある標本推定値の "割合 1 の 0.2" は，睡眠薬を服薬している患者の転倒した経験の割合が 20%であり，"割合 2 の 0.1" は，睡眠薬を服薬していない患者の転倒した経験がある割合が 10%であることを示しています．

> **問題 4.1** [sagyo] フォルダ内の [chapter4] フォルダに置かれた [mondai4.1.xls] は，閉じこもりと抑うつ状態の関連を調べるため，閉じこもり高齢者 120 人と，閉じこもりでない高齢者 1500 人に対して抑うつ傾向があるか，ないかを調べた研究のデータファイルです．データの入力形式は，閉じこもりありは "0"，なしは "1"，抑うつ傾向ありは "0"，なしは "1" となっています．次の 1 ～4 に答えなさい．
>
> 1. mondai4.1.xls のデータから 2×2 表を作りなさい．
>
> 2. 閉じこもり高齢者の抑うつ傾向をもつ割合と，閉じこもりでない高齢者の抑うつ傾向をもつ割合の差を求めなさい．
>
> 3. この差を有意水準 5%で検定し，結果を解釈しなさい．
>
> 4. 対象地域における，閉じこもり高齢者全体の抑うつ傾向をもつ割合と，閉じこもりでない高齢者全体の抑うつ傾向をもつ割合の差の信頼度 95%信頼区間を構成し，解釈しなさい．

問題 4.2 [sagyo] フォルダ内の [chapter4] フォルダに置かれた [mondai4.2.xls] は，うがいや手洗い，予防接種などの感染予防対策をしている 400 人と，していない 600 人について，インフルエンザの罹患状況を調査したデータが入っています．データの入力形式形式は，感染予防している人は "0"，感染予防していない人は "1"，インフルエンザに罹患した人は "0"，罹患しなかった人は "1" です．次の 1〜4 に答えなさい．

1. mondai4.2.xls のデータから 2×2 表を作りなさい．

2. 感染予防している人と感染予防をしていない人のインフルエンザの罹患割合の差を求めなさい．

3. この差について有意水準 5% の検定を行い，結果を解釈しなさい．

4. 割合の差について，信頼度 95% の信頼区間を構成し，解釈しなさい．

4.3　対応があるサンプルの比較

　対応があるサンプルとは，例 4.2(p.56) のように比較するサンプルが同じ対象からとられているサンプルのことでした．本節では，次の課題を考えながら，対応があるサンプルに対する比率の解析法について学びます．

課題 4.3　転倒予防事業は，転倒による骨折・外傷を予防し，要介護状態になることを防ぐ目的で行われています．対象者は，転倒の可能性の高い 65 歳以上の高齢者です．対象者には，筋力向上訓練や平衡感覚向上のための訓練が 3 か月間に 10 回行われます．また，訓練開始前と訓練終了後で運動器機能検査が行われ，対象者はそれぞれ運動機能低下ありと低下なしに判定されます．
　[sagyo] フォルダ内の [chapter4] フォルダに置かれた「kadai4.3.xls」は，転倒予防事業に参加した 200 人の対象者の訓練開始前と終了後の判定結果を記録したデータシートです．ただし，低下ありを 0，なしを 1 とコード化しています．このデータから，運動機能低下ありの人の割合は，訓練前と比べて訓練後に小さくなったといえるだろうか？

4.3.1　考え方

A.　対応があるデータの 2 × 2 表

　課題 4.3 のデータは，表 4.2 のような 2 × 2 表に整理されます．この表は，行に訓練前，列に訓練後をとって，低下あり，なしの組合せが整理されています．対応がない場合の 2 × 2 表とは異なることに注意してください．

表 4.2　訓練前後の運動機能低下の集計表

		訓練後		計
		低下あり	低下なし	
訓練前	低下あり	40	60	100
	低下なし	30	70	100
	計	70	130	200

　表 4.2 より，訓練前 "低下あり" であった 100 人のうち，訓練後も "低下あり" と判定された人は 40 名，訓練後は改善して "低下なし" と判定された人は 60 名いることが分かります．同様に訓練前 "低下なし" であった 100 人のうち，訓練後も "低下なし" と判定された人は 70 名，訓練後悪化して "低下あり" と判定された人は 30 名いることが分かります．また，訓練前 "低下あり" であった人の割合は

$$\frac{100}{200} = 0.50$$

で，訓練後 "低下あり" であった人の割合は

$$\frac{70}{200} = 0.35$$

であることも分かります．両者の差は，

$$\frac{100}{200} - \frac{70}{200} = \frac{60}{200} - \frac{30}{200}$$

です．右辺は訓練前 "低下あり"，訓練後 "低下なし" の割合から訓練前 "低下なし"，訓練後 "低下あり" の割合を引いたものになっており，両者の差は，訓練の効果が大きいほど大きくなることが分かります．

B.　マクネマー検定

　訓練後の "低下あり" の割合は，訓練前の "低下あり" より 15 ポイント低いので，訓練の効果があったように見えます．しかしこの低下は，単にサンプルのバラツキによる偶然の低下であり，この訓練を 65 歳以上の他の高齢者グループに適用したとき，同じような効果があるとはいえません．この訓練が想定される高齢者全体に対して効果があることを明確にするためには，この高齢者全体を母集団とみなし，母集団における訓練前後の "低下あり" の割合を，それぞれ p_A, p_B と置き，次の帰無仮説に対立仮説を対比する検定を行う必要があります．この検定で有意であることが示されてはじめて，訓練の効果があったと判定できます．対応があるデータに基づいて H_0 vs. H_1 を検定する比率の検定は，一般にマクネ

マクネマー検定

マー (McNemar) 検定とよばれています.

> 帰無仮説 $H_0 \colon p_A = p_B$
>
> 対立仮説 $H_1 \colon p_A \neq p_B$

検定のポイントを, 次に示します.

- 表 4.2 のデータで訓練の前後で変化が見られたデータに着目します. 訓練前後で変化した 90 人のうち, 訓練前 "低下あり" 訓練後に "低下なし" と変化したのが 60 人でその割合は

$$\frac{60}{90} = 0.67$$

です. また, 訓練前 "低下なし" 訓練後 "低下あり" と判定されたのは変化した 90 人のうち 30 人で, その割合は

$$\frac{30}{90} = 0.33$$

です.

- 訓練の効果があれば, 上で見たように, 訓練前 "低下あり" 訓練後 "低下なし" の人の割合は, 訓練前 "低下なし" 訓練後 "低下あり" の人の割合よりも大きくなるはずです. 他方, 訓練効果がなければ, 両者の割合は, ほぼ等しくなるはずです.

- つまり, 上の H_0 vs. H_1 の検定は, 表が出る確率が p のコインを 90 回投げたとき, 表が 60 回出た, というデータをもって, $p = 0.5$ に $p \neq 0.5$ を対比させて検定する問題となります. R2.7.0 は, この検定を**二項検定 (binomial test)**, あるいは **1 標本比率の検定**とよんでいます.

二項検定
1 標本比率の検定

C. 信頼区間

母比率の差 $p_A - p_B$ を区間で推定するのが目的です. $p_A - p_B$ の推定値は上で求めた値, すなわち, 訓練前 "低下あり" の割合から訓練後 "低下あり" の割合を引いた値です. 記号で表すと

$$\hat{p}_A - \hat{p}_B = \frac{100}{200} - \frac{70}{200} = 0.15$$

です. この推定値に対する標準誤差 (SE) は, 数式では与えませんが, 対応がない場合の SE とは異なります. したがって, $p_A - p_B$ の信頼度 95% の信頼区間も前節の信頼区間とは異なるので, 間違えないよう注意してください.

4.3.2 データの解析

A. チェックポイント

- 何と何の関係を明らかにしたいのか決められており, 両者が「Yes」,「No」などの二値変数である.

- データに対応がある.
- 次の帰無仮説を対立仮説に対比する検定である.

> 帰無仮説 H_0：母比率に差はない $(p_A = p_B)$.
> 対立仮説 H_1：母比率に差がある $(p_A \neq p_B)$.
> 有意水準　　$\alpha = 0.05$.

B. R2.7.0 による解析

　[sagyo] フォルダ内の [chapter4] フォルダに置かれた転倒予防事業に関する [kadai4.3.xls] データを使用して，R2.7.0 によるデータの解析を行います.

I. データのインポートとカテゴリーデータへの変更

1. 対応がないデータの場合と同様にして，[kadai4.3.xls] を R2.7.0 にインポートします.

2. R2.7.0 にインポートしたデータをカテゴリーデータに変換します.

　メニューバーの [データ]→[アクティブデータセット内の変数の管理]→[数値変数を因子に変換]→[訓練前と訓練後] を選択して，[数値で] にチェックを入れて [OK] ボタンをクリックします（図 4.7）. すると，[変数訓練後がすでに存在します. 変数に上書きしますか？] と表示されるので [Yes] をクリックします. 訓練前についても同様に表示されるので，[Yes] をクリックします（図 4.7 右下）.

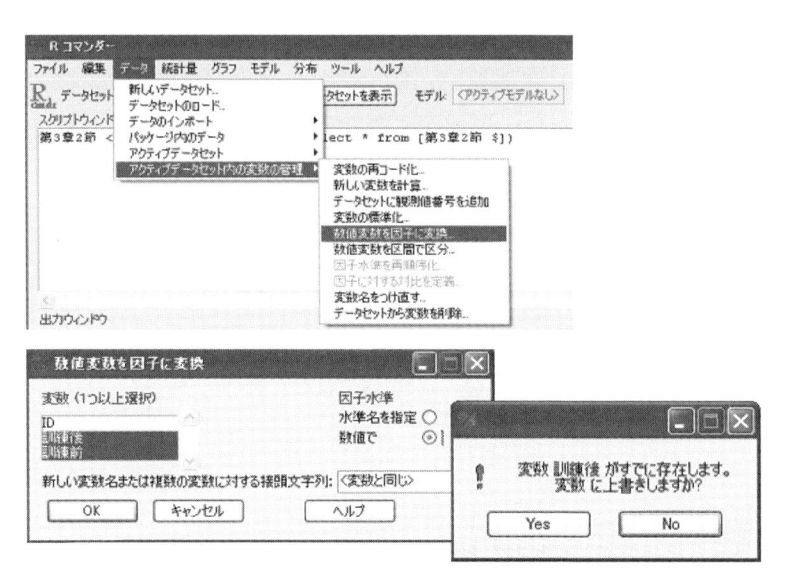

図 **4.7**　数値変数を因子に変換

II. 2×2表の作成

　メニューバーの［統計量］→［分割表］→［2元表］を選択すると，2×2表の入力画面が表示されます．そこで，［行の変数］の"訓練前"と［列の変数］の"訓練後"を選択し，［パーセントの計算］のパーセント表示無しにチェックを入れます．ここでは，［仮説検定］のチェックは外しておきます（図4.8）．

　最後に［OK］ボタンをクリックすると，出力ウィンドウに結果（図4.9）が表示されます．

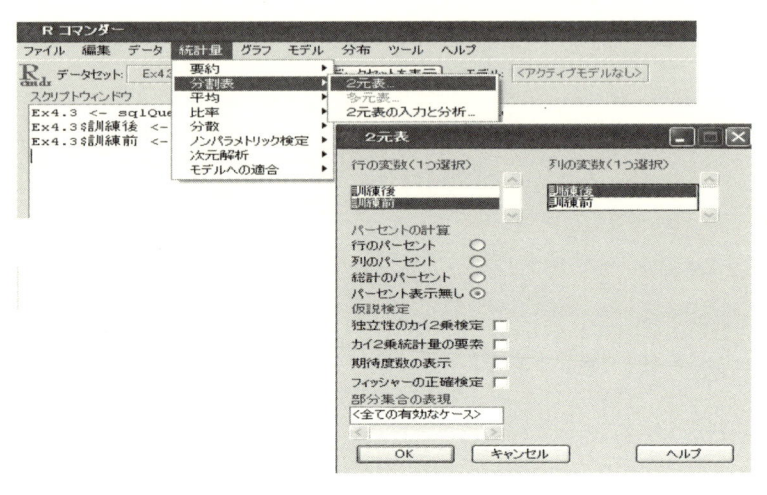

図 4.8　2×2表の作成

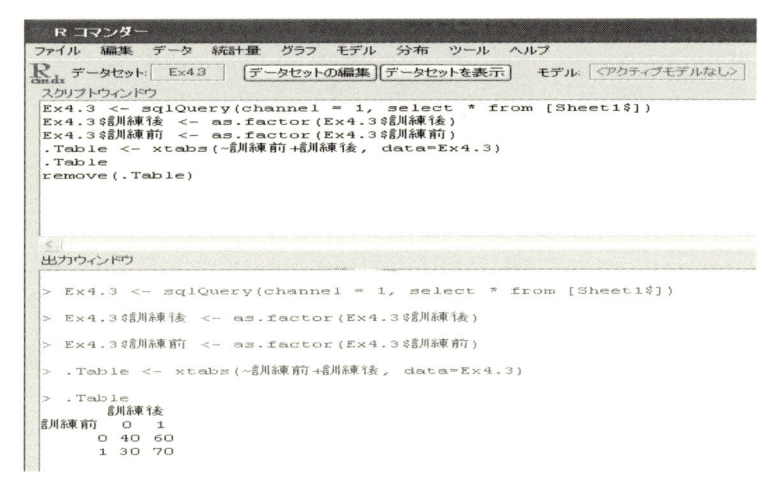

図 4.9　出力ウィンドウ

　図4.9の出力ウィンドウに表4.2と同じ表が与えられています．

III. 比率の検定

R2.7.0に読み込んだkadai4.3.xlsのデータを用いて帰無仮説 H_0 を対立仮説 H_1 に対比する対応がある場合の比率の検定を行います．マクネマー検定や $p_A - p_B$ の信頼区間を求めるコンピュータプログラムは，R2.7.0にもExcelにも入っていません．以下では，R2.7.0の［1標本比率の検定］を利用してマクネマー検定の p 値を求める方法と，筆者（椛）がExcelで開発したソフトによる信頼区間の算出法について解説します．このソフトでは p 値もアウトプットされるので，データ解析だけを目的とする読者は，以下を飛ばしてD（Excelによる検定と信頼区間）の項を見てください．なお，開発したソフトは，［chapter4］フォルダに，［対応がある比率の解析.xls］という名前で置いています．

I. 新たなデータシートの作成，インポート

表4.2にマクネマー検定を適用します．手順は次のとおりです．

1. Excelデータシートを新たに作る

まず，訓練の前後で変化が見られた90名のデータを新たにExcelに入力します．ExcelのセルA1にID，セルB1に変化とインプットし，セルA2〜A91にID番号をインプット．セルB2からB91に，訓練前は運動機能が低下していると判定されていたが，訓練後は低下なしと判定された人は "1"，訓練前は運動機能が低下なしと判定されていたが，訓練後は低下していると判定された人は "0" と入力します．

入力の手間を省くために，すでに入力したデータを［sagyo］フォルダ内の［chapter4］フォルダに置いた［kadai4.3henkan.xls］という名前のファイルに準備しています．このファイルを開くと図4.10の画面が表示されます．

	A	B
1	ID	変化
2	41	1
3	42	1
4	43	1
5	44	1
⋮	⋮	⋮
87	126	0
88	127	0
89	128	0
90	129	0
91	130	0

図 **4.10** 課題4.3変換データ

2. R2.7.0へのデータのインポート

Excelデータシート［kadai4.3.henkan.xls］をR2.7.0にインポートします．インポートの仕方は，4.2.2項，B，I項と同じです．さらに，インポートし

た [kadai4.3.henkan.xls] のデータをカテゴリーデータに変換します.

変換の方法は, メニューバーの [データ]→[アクティブデータセット内の変数の管理]→ [数値変数を因子に変換]→[変化] を選択して, [数値で] にチェックを入れて [OK] ボタンをクリックします.

すると, [変数　変化がすでに存在します. 変数に上書きしますか?] と表示されるので [Yes] をクリックします.

II. p 値の算出

R2.7.0 の [1 標本比率の検定] を使って

$$H_0 \colon p = 0.5 \text{ vs. } H_1 \colon p \neq 0.5$$

の検定を行います.

1. メニューバーの [統計量]→[比率]→[1 標本比率の検定] を選択すると, [1 標本比率の検定] が表示されます (図 4.11). この画面で変数の "変化" を選択して, [対立仮説] は "母集団比率 $p \neq p_0$", [帰無仮説:$p =$] は "0.5", [信頼水準] は ".95", [検定のタイプ] は "正確 2 項" を選択して, [OK] ボタンをクリックします.

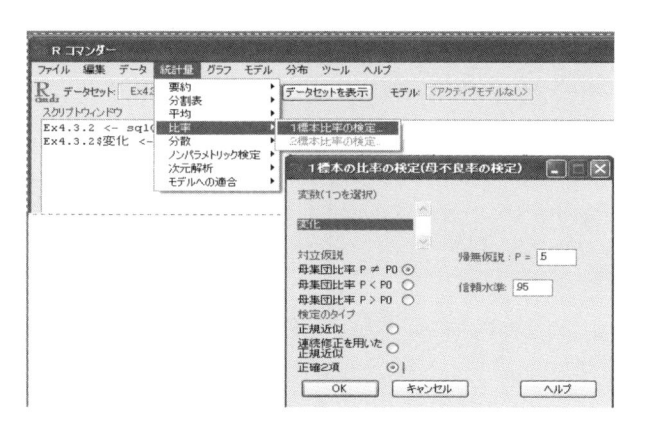

図 **4.11**　1 標本比率の検定

2. 出力ウィンドウに結果がアウトプットされます (図 4.12).

C.　検定結果の解釈

　検定結果を見てみましょう. アウトプットされた p 値 $= 0.002$ は 1 標本比率の検定の p 値ですが, 当初の検定問題

$$H_0 \colon p_A = p_B \text{ vs. } H_1 \colon p_A \neq p_B$$

にさかのぼると, この p 値は, マクネマー検定の p 値であることが分かります. p 値は < 0.05 ですから帰無仮説 H_0 は有意水準 5% で棄却され, 母集団における

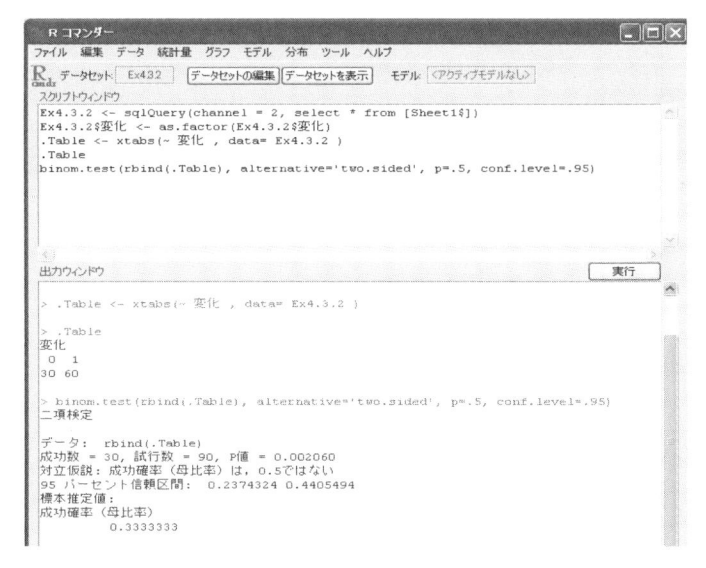

図 **4.12**　出力ウィンドウ

訓練前の "低下あり" の割合と訓練後の "低下あり" の割合は有意に異なっている
といえます. さらに, 低下の割合は, 訓練前 (0.50) よりも訓練後 (0.35) のほう
が小さいので, 想定される高齢者全体に対して, 訓練が効果あるというエビデン
スが得られた (p 値 $= 0.002$) と, 結論できます.

■ **注 4.2**　出力ウィンドウにアウトプットされている 95%信頼区間の値は, 求め
る $p_A - p_B$ の信頼区間ではありません. 無視してください. 正しい信頼区
間は, 次節で与えます.

D. Excel による検定と信頼区間

　Excel を用いて

$$H_0\colon p_A = p_B \quad \text{vs.} \quad H_1\colon p_A \neq p_B$$

の検定と, $p_A - p_B$ の信頼度 95%の信頼区間を求めます. 次のように行います.

1. [sagyo] フォルダ内の [chapter4] フォルダに置かれた [対応がある比率の
   解析.xls] ファイルを開くと図 4.13 の画面が表示されます.

2. 図 4.9 の出力表のデータを図 4.13 のシートの各セル [C3, C4, D3, D4] にイ
   ンプットします. すなわち, [C3] に "40", [C4] に "30", [D3] に "60",
   [D4] に "70" をインプットすると, 自動的に割合の差や両側 p 値, 95%信
   頼区間が計算され, 図 4.14 のようになります.

[アウトプットの吟味]

　図 4.14 を見てみましょう.

- 訓練前に運動機能が低下している人の割合は, セル F7 に 0.5 (50%) と出力

	A	B	C	D	E	F	G	H	I	J
1				訓練後						
2			低下あり	低下なし	計					
3	訓練前	低下あり			0					
4		低下なし			0					
5		計	0	0	0					
6										
7	・訓練前に運動機能が低下している人の割合					#DIV/0!	←=(C3+D3)/E5			
8	・訓練後に運動機能が低下している人の割合					#DIV/0!	←=(C3+C4)/E5			
9	・訓練前後の運動機能が低下している人の割合の差					#DIV/0!	←=F7-F8			
10										
11	D3<（D3+C4）/2のときの両側P値					2	←=2*(BINOMDIST(D3,D3+C4,0.5,1))			
12	D3>（D3+C4）/2のときの両側P値					2	←=2*(BINOMDIST(C4,D3+C4,0.5,1))			
13										
14	95%信頼区間		上限	#DIV/0!	←=F9+(1.96*((1/E5)*(SQRT((D3+C4)-(D3-C4)^2/(E5)))))					
15			下限	#DIV/0!	←=F9-(1.96*((1/E5)*(SQRT((D3+C4)-(D3-C4)^2/(E5)))))					
16										

図 **4.13**　"chapter4" の "対応がある比率の解析" シート画面

	A	B	C	D	E	F	G	H	I	J
1				訓練後						
2			低下あり	低下なし	計					
3	訓練前	低下あり	40	60	100					
4		低下なし	30	70	100					
5		計	70	130	200					
6										
7	・訓練前に運動機能が低下している人の割合					0.5	←=(C3+D3)/E5			
8	・訓練後に運動機能が低下している人の割合					0.35	←=(C3+C4)/E5			
9	・訓練前後の運動機能が低下している人の割合の差					0.15	←=F7-F8			
10										
11	D3<（D3+C4）/2のときの両側P値					1.998027	←=2*(BINOMDIST(D3,D3+C4,0.5,1))			
12	D3>（D3+C4）/2のときの両側P値					0.00206	←=2*(BINOMDIST(C4,D3+C4,0.5,1))			
13										
14	95%信頼区間		上限	0.240617	←=F9+(1.96*((1/E5)*(SQRT((D3+C4)-(D3-C4)^2/(E5)))))					
15			下限	0.059383	←=F9-(1.96*((1/E5)*(SQRT((D3+C4)-(D3-C4)^2/(E5)))))					
16										

図 **4.14**　アウトプット：割合の差，p 値，信頼度 95%の信頼区間

されています．

- 訓練後に運動機能が低下している人の割合は，セル F8 に出力され 0.35 (35%) となっています．

- したがって，訓練前後で運動機能が低下している人の割合の差は，

$$F9 = F7 - F8 = 0.5 - 0.35 = 0.15 \ (15\%)$$

と出力されています．つまり，訓練後は，訓練前に比べると運動機能が低下している人の割合が 15 ポイント減少しています．

- p 値は，場合分けしてアウトプットされています．$D3 < (D3+C4)/2$ のときは上段の p 値，$D3 > (D3+C4)/2$ のときは下段の p 値を選択します．いま，$D3 = 60$, $C4 = 30$ ですから $(D3+C4)/2 = 45$．よって，下段の p 値 $= 0.002$ を選択します．この p 値の解釈は，上で与えました．

- 95%信頼区間は，0.059（下限）から 0.241（上限）の範囲となっています．つまり，訓練前の運動機能が低下している人の割合と訓練後に運動機能が低下している人の割合の，訓練が想定される高齢者全体に対する真の差が，0.059（5.9 ポイント）から 0.241（24.1 ポイント）の間に 95%の確率で含まれると解釈できます．信頼区間は，0 を含んでいないため，有意水準 5%で計算された検定結果と一致します．また，信頼区間 (0.059, 0.241) は数直線上の 0 より右側にあることから，訓練の効果があったということが確認できます．

■ **注 4.3** 「対応がない」データの解析方法を，課題 4.3 の「対応があるデータ」に適用すると p 値$=0.138$ となり，検定結果は有意でなくなります．すなわち帰無仮説 H_0 を棄却するだけのエビデンスが得られなかった，という上の結果とは異なる間違った結果が得られます．

問題 4.3 ある病院で，新人看護師の看護技術の実践能力の向上を目目的として看護技術の研修会が開催されました．新人看護師には，研修会の前後で技術確認が行われ，技術レベルが "合格" と "不合格" の判定が行われ，このデータに基づいて，研修会終了後に研修会の効果があったかどうかについて評価が行われました．[sagyo] フォルダ内の [chapter4] フォルダに置かれた [mondai4.3.xls] のデータは，この評価データです．データの入力形式は，不合格は "0"，合格は "1"，となっています．次の 1〜4 に答えなさい．

1. 行に研修前，列に研修後をとって，データを 2×2 表に整理しなさい．

2. 研修会前後の "不合格" 者の割合の差を計算し解釈しなさい．

3. この割合の差について有意水準 5% の検定を行い，結果を解釈しなさい．

4. 割合の差の 95% 信頼区間を構成し，解釈しなさい．

第5章
質問紙調査

　看護・リハビリ・福祉は，援助の対象である患者・利用者個人または集団の，健康の保持増進や生活の質の維持向上を目指しています．この目的を達成するためには，対象者の意識や行動を把握することが重要です．また，援助を行う側のさまざまな課題について探求することも重要です．援助は，人と人との関係性において形成されるものであるからです．

　得られる情報は，いずれの場合も人を相手とすることから，曖昧で，数量として計測できない質的（定性的）なものが多いのが特徴です．しかしながら，質的な情報も集めることができます．その方法の一つは質問紙（調査票）を用いる調査です．

　このような調査は，一般的にアンケート調査とよばれていますが，調査用語ではアンケートとは少数の専門家に意見を求めることとされています．そのため，本書では**質問紙調査**とよぶこととします．本章では，質問紙調査の仕方や要点，解析の方法などについて学習します．

> **本章学習のためのチェック事項**
> ★　使う PC に [R2.7.0]，および [chapter5] をダウンロードしたか？
> ★　使用する PC に [sagyo] フォルダを作成したか？
> ★　[sagyo] フォルダに [chapter5] フォルダをコピーしたか？

5.1　質問紙調査の仕方

　質問紙調査を行うには，既存の尺度などをうまく利用し，さらに知りたい情報が得られるようにより良い質問項目を考えることが重要です．本節では，良い質問紙調査の仕方について考えます．

5.1.1　質問文の作成

　調査に対する回答は，質問の内容，質問の仕方，質問項目の並べ方などによって左右されます．これらが不完全な場合，正しくない回答を引き出す可能性があるので，注意を要します．

A.　調査目的を明らかにする

　質問紙調査をする前には，「調査をする目的は何か」をはっきりさせておくことが重要です．たとえば，「性別によって満足度に違いがある」という仮説を確認したい調査かもしれません．あるいは，はっきりした仮説はなく，問題点を明らかにするための調査かもしれません．いずれにしても，何のために調査するかを決め，知りたいことを明らかにしておく必要があります．知りたいことは調査票に入っていなければなりません．だからといって，相手のプライバシーに関わることや，あまりにも個別的な事柄を質問することは許されません．

B.　回答できる質問数にする

　質問の数は20問を超すあたりから回答するのが嫌になり，30〜40問が限界といわれています．あまりにも質問項目数が多いと，回答する側は答えるのが面倒になるものです．すべてを「はい」と回答したり，無回答が多くなったりし，真の姿とは異なる回答になる可能性があります．これでは回答自体の信憑性が失われることになります．あれもこれもと欲張らずに，できる限りシンプルにすることが大切です．

C.　答えやすい質問から始める

　最初の質問は導入としての意味があります．答えやすい質問から徐々に本題に入っていくように工夫します．従来は，調査票は個人属性（性別，年齢，職業など）を問う質問から始めることが主流でした．これは，解析に必要な項目に欠損（無回答や誤った回答）が生じることを避けるための配慮です．

　しかし，プライベートなことを尋ねられたことで気分を害して，すべてに回答されないこともあり，それを危惧する立場からは，属性等を調査票の終わりのほうで尋ねる方法を勧めている研究者もいます．職業や学歴，年収など，人によっては尋ねられたくない内容があります．女性では年齢を問われることに抵抗を示す人もいます．したがって，属性を尋ねるときは調査に必要な項目であるかどう

かを十分に吟味する必要があります.

D.　言葉の定義を明確にする

> **例 5.1**
> あなたはハラスメントを受けたことがありますか？
> 　　　① ある　　② ない

聞き慣れない言葉で質問されても判断に迷います. 例 5.1 のように「ハラスメント」と聞いても具体的にはどのようなことを想定しているのかすべての人が理解できるとは限りません. 一般に聞き慣れない言葉や専門的な言葉には必ず定義づけを行います.

> **改善例**
> あなたはハラスメントを受けたことがありますか？
> 　※ ハラスメントとは，いじめや言葉の暴力，教育を受ける機会の
> 　　侵害などをいい，人権を侵されることです.
> 　　　① ある　　② ない

例 5.2 のように，漠然とした問い方は判断に迷います.

> **例 5.2**
> よく眠れますか？
> 　　　① よく眠れる　　② あまり眠れない

よく眠れることもあれば，寝付きが悪いときもあるという人は，このような質問に戸惑うものです. 相対的にはよく眠れるほうだが，調査の前日あたりに，たまたま眠れない日があったとしたらどのように答えるでしょうか. また，ここひと月を振り返ってみれば概ねよく眠れていることになるが，一昨日から眠れない日が続いているので，よく眠れるとは即断できない，という場合だってあります. これは，よく眠れるという定義が曖昧だからです. このような場合，眠れなかった頻度を尋ねると，より答えやすくなります.

> **改善例**
> ここひと月の間に，なかなか寝付けないことがありましたか？
> 　① ない　② 月 1〜2 回　③ 週に 1 回　④ 週に 2〜3 回
> 　⑤ 週に 4〜5 回　⑥ ほぼ毎日

E.　特定の回答を誘導する質問はしない

　ある問題の対立的な側面の一方だけを提示したり，一方の回答に答えやすく仕向けたりすることは避けなければいけません. たとえば，看護師などの専門職に

対して，あるケアの必要性を尋ねれば，必要性は低いと感じていても，高いという答えが得られやすくなるものです．このような質問をするときには，文頭に，「現時点で，ケアの効果は科学的に明らかにされていないが…」などのただし書きをつけ，公正な立場で回答できるように配慮する必要があります．

例 5.3

1.　看護職は自分の健康管理に責任をもつべきだと思いますか？
①　思う　　　　　②　どちらでもない　　　　　③　思わない

2.　看護職はタバコを吸うべきでないと思いますか？
①　思う　　　　　②　どちらでもない　　　　　③　思わない

「… について，あなたはどう思うか」と本人の意見を直接問う形と，「… という意見があるが，あなたはどう思うか」という第三者の意見に対する意見を問う形では，回答が変わることもあると言われています．

　例 5.3 では，看護職はプロとして当然，自分の健康管理に責任をもつべきであり，タバコを吸うべきでないという私見から発した質問であり，誘導的な感じが強くします．この場合，一般的な意見に対して賛成か反対かを問うほうが，公正さが伝わります．

改善例

次のような意見がありますが，あなたはこの意見についてどう思いますか？
1.　看護職は自分の健康管理に責任をもつべきだと思う．
①　賛成　　　　　②　どちらでもない　　　　　③　反対

2.　看護職はタバコを吸うべきでないと思う．
①　賛成　　　　　②　どちらでもない　　　　　③　反対

F.　質問文や回答は平易な文章にする

　質問文や回答は，だれもが読んで理解できるようにつくります．他の意味にも解釈できる文は避けるべきです．

G.　意識を問うより行動を問う

　意識を問う質問より日常生活に密着している実態を問うほうが答えやすいことが分かっています．また，現在，過去，将来の順に答えにくくなることも分かっています．「… についてどう思うか」と尋ねられるより，その意識が表れた行動の実態を問うほうが答えやすいといえます．もちろん，意図的に意識と行動の違いを見ることもあります．

例 5.4
あなたは，体重を減らすために運動したほうが良いと思いますか？
①　はい　　　　②　どちらでもない　　　　③　いいえ

例 5.4 のように問われると，一般的に運動することは良いと言われているし，やらないといけないと分かっているので "はい" と答えたいが，自分のこととして考えるとどっちみちやっても続かない··· などと考えてしまい，運動したほうが良いかどうかの判断がつかない人もでてきます．

改善例 1
あなたは，体重を減らすための運動に関心がありますか？
①　大いに関心がある　　②　まあまあ関心がある　　③　どちらでもない
④　あまり関心はない　　⑤　関心はない

改善例 1 では，私自身の運動の関心を問われているので，運動することは一般的には良いと言われているが，自分の減量のためには "④ あまり関心はない" と答えることができます．

改善例 2
あなたは，体重を減らすために週に 2 回以上の定期的な運動をしていますか？
①　はい　　②　いいえ

改善例 2 では，私自身が運動を行っているかどうかを問われているので，一般的に運動することが良いと分かっていても，実際は行っていないことから "② いいえ" と答えることができます．

例 5.4 のように，解釈が一通りでない質問は，正しい回答が得られない可能性があります．質問文を変えることで回答が変わることは，よく知られた事実です．何を問いたいのかを突きつめて質問文をつくることが大切です．

5.1.2　回答の形式

A.　選択肢を設ける

回答の形式は例 5.5 のように選択肢を提示するか，例 5.6 のように自由回答にするかのどちらかです．文字で記述してもらう自由回答は回答の予測がつかない場合や具体的な状況を知りたいときに用います．次の調査への足がかりとなる示唆が得られるからです．しかし，自由回答は，文字で書かれているので解析に用いることは難しいという難点があります．必要事項はできる限り選択肢を用いた回答形式で行うべきです．

> **例 5.5**
> ホームヘルパーという言葉を聞いたことがありますか？
> ① ある ② ない

> **例 5.6**
> 病院食で出してほしいメニューは何ですか？
> ( )

B. 中間選択肢を設ける

Yes, No と単純に答えられる場合はそう多くありません．人間の心はそう簡単に割り切れないものです．特に，日本人では中間的意見を回答する率が高いことが分かっており，林知己夫先生は，これを日本人のバランス感覚とよんでいます（林 (2001)）．これを無理やり断定的意見に押し込めることはよくありません．回答肢には段階を設け，中間的意見が拾えるように工夫します．

> **例 5.7**
> あなたを担当している訪問看護師の援助に満足していますか？
> ① はい ② いいえ

> **改善例**
> あなたを担当している訪問看護師の援助に満足していますか？
> ① 満足 ②だいたい満足 ③ふつう
> ④ あまり満足していない ⑤全く満足していない

改善例のように，中間に中立的意見を置き，プラスとマイナスが対称となるように選択肢を作ります．この場合，段階は奇数のほうがよく，3 段階より，5 段階，7 段階のほうがより微妙なニュアンスがとらえやすいといわれています．解析には，段階をそのまま用いることもあるし，かなり満足とだいたい満足を合わせて「満足」，その他を「不満足」として大きく 2 つに分けて用いる方法などもあります．いずれにしても，選択肢を決めるときには，どのように解析するかについても考えておくことが重要です．

「どちらともいえない」を設定すると，その振り分け方が難しくなるので，無理やりどちらかに振り分ける選択肢を設ける立場の研究者もいますが，「どちらでもない」が多くを占める質問は，態度が決められない質問であることから，そのことを質問すること自体に無理があると考えたほうがよいと思われます．

C. 選択方法を指示する

選択肢を用いる場合は，1 つだけ選択させる，選択個数を限定する，いくつも

選択してよい，あるいは選択して順序をつけさせる場合などがあり，質問文の最初に指示を明確に与えておきます．

> 最も当てはまるもの1つに○をつけてください．

> 当てはまるものすべてに○をつけてください．（重複回答可）

> 良いと思うものを3つ選んで，（　　）に順番をつけてください．

5.1.3　調査票

A.　調査票のボリュームを制限する

　膨大な質問項目が並ぶ調査票は見るだけでもうんざりします．調査票のボリュームは質問項目数に左右されますが，筆者は，A4サイズ2枚に収まる程度が適切であると考えています．依頼文も含めてA3サイズに両面印刷して2つ折りにし，見開きで質問項目が一目できるとよいでしょう．

　項目数が多い場合は，裏面まで調査項目を入れることもできますが，この際，裏面にも調査項目があることを明記しておかないと，見過ごして回答しない人が必ずいます．

B.　調査票は見た目が大事

　ぱっと見たときの調査票の印象は，調査への協力に影響を与えると考えられます．文字の大きさは最低でも10.5ポイント，なるべく11〜12ポイントにしたいものです．特に，高齢者も調査対象に含む場合は，できる限り大きく見やすくする配慮が必要です．

　文字のスタイルを選択することも，調査票の見やすさにつながります．女性には丸ゴシック体が好まれると言われています．文字のスタイルによっては同じポイント数でも大きさが違います．印象を良くするため，調査票を白地ではなく色紙にすることも良い工夫です．

C.　フェースシートをつくる

　先頭に置くページのことをフェースシートといいます．フェースシートには，まず表題をつけ，何の調査かが分かるようにします．その際，一般的にはアンケートという言葉のほうがなじみやすいため，「○○のアンケート」という表題を用いることも可能です．

> **文字のスタイル例**
>
> ＭＳ Ｐ明朝（11 ポイント）
> **ＭＳ Ｐゴシック（11 ポイント）**
> AR P丸ゴシック体 M　（11 ポイント）
> HG 丸ゴシックM-PRO　（11 ポイント）

　次に，調査の目的と協力へのお願い文を書きます．口頭で調査の趣旨を説明できる場合でも，必ずお願い文をつけ，調査への協力をお願いします．また，研究で使用する場合は，あくまでも自由参加であることを明記しておくことで，回答の回収をもって協力の同意が得られたと解釈することもできます．

<hr>

　　　　　　　　　　　　　　　　　□□□□に関するアンケートのお願い

　拝啓
　〇〇の候、時下ますますご清祥の段、お喜び申し上げます。
この度私共は、□□□□□□の資料を得るため、□□□□□の現状把握を目的とした
調査を実施することにいたしました。
　現在、□□□□が強く求められるようになり、積極的な□□□□が提言されています。そこで、□
□□□□を検討するにあたり、現場の状況について皆様のご意見をいただきたいと考え、本調査
を計画いたしました。

　調査にご賛同いただけない場合は返送しないことも可能です。調査の趣旨をご理解頂き、ご協力いただ
ければ幸いです。
　ご多忙のところ大変恐縮でございますが、同封のアンケート用紙に無記名でご回答の上、同封の封筒で
＊年＊月＊日までにご返送くださいますようお願い申し上げます。ご記入いただいた内容は統計的解析
のみに用い、全体として集計し、個別的な公表をすることはありません。また、得られた情報は厳重に管
理いたします。

　この件に関しましてご不明の点がございましたら、下記までお問い合わせください。
　何卒ご協力のほど、よろしくお願い申し上げます。

　　　敬具

> 　　　　　　　　　　　　　【本調査に関する問い合わせ】
> 　　　　　　　　　　　　　〒＊＊＊ 〇〇〇〇〇〇〇〇
> 　　　　　　　　　　　　　TEL ＊＊＊-＊＊＊-＊＊＊＊
> 　　　　　　　　　　　　　所属 〇〇　氏名 〇〇〇〇

　その際，回答者に研究協力への判断を委ねることとなるため，調査に対する拒否権や結果の公表方法，情報漏えい防止策などについてもきちんと説明しておくことが重要です．

D.　最後のしめも大切

　調査票の最後には，「調査にご協力いただき，ありがとうございました」というお礼を述べます．また，調査に対する意見を書くことができる自由記述欄を設け，調査に対する意見を聞くことで，次の調査の改善の参考にします．これは「ガス抜き」ともいい，一方的に質問攻めにされた回答者の鬱憤（うっぷん）を晴らしてもらうことに利用できます．

E.　予備調査（プリテスト）をする

　よくよく考えて作った質問項目や選択肢も，自分では気づかないところに落し穴があるものです．万全を期すため，事前に第三者に回答してもらい，表現の仕方が曖昧であったり，誘導的になったりしていないか，答えにくい質問があるかどうかなどについてチェックしておくことが重要です．

5.1.4　調査方式

　質問紙による調査方法には，調査を受ける者が自分で記入する方法（自己記入式）と面接者が記入する方法（他者記入式）があります．自己記入式には，調査員が直接本人に渡して面前で記入してもらう方法（面前記入法）と一定期間をおいて回収する方法（留め置き法）があり，さらに留め置き法には，調査員が説明をして調査票を配布する方法や郵送で配布する方法があります．

　調査の方法はそれぞれメリットとデメリットがあり，調査の目的や内容や予算によって適切な方法が選択されます．

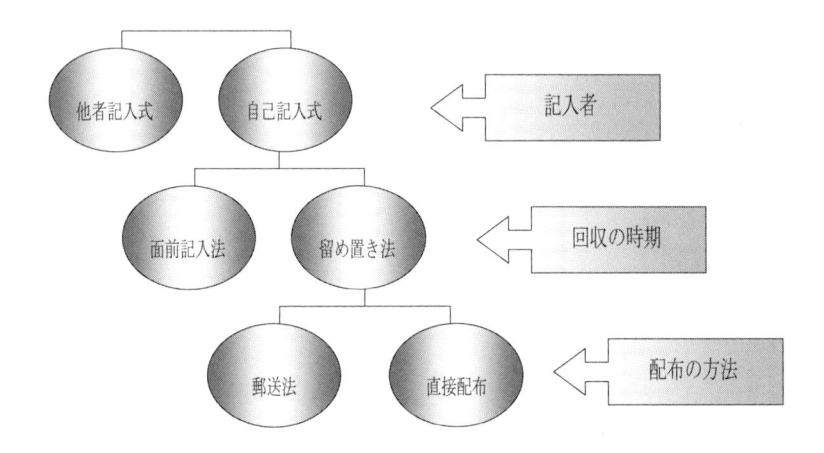

A. 自由に回答できることに配慮する

他者記入式では調査の漏れは少ないですが，調査を受ける側にとっては個人が特定されるというデメリットがあり，質問の内容によっては，回答しにくいことも生じます．

名前や住所を明かさずに，個人が特定できない状態で回答できることは，調査の倫理的配慮にも通じます．個人が特定できないことを保証する方法として，無記名，かつ郵送での回収，あるいは施錠できる回収箱を設置しておいて自由に投函してもらうなどの方法が考えられます．

面前記入法はその場で回収するため回収率は高くなりますが，十分に考えて回答する余裕はないかもしれません．質問内容や項目数によっては回答に十分な猶予期間を与える必要があり，留め置きによる調査が望ましいこともあります．

B. 回収率を上げる努力をする

留め置き法では回答に十分な時間が確保でき，回収の方法によっては，個人が特定されることも避けることができます．しかし，郵送法と直接配布では回収率が異なることが分かっています．人間の心理として，一方的に郵便で送りつけられるのと，丁寧に直接お願いされるのでは，協力してやろうという気持ちの起こり方が違うようです．郵送する前に電話連絡をすることで，より丁寧な調査依頼とすることもできます．

また，郵送で回収する場合，ハガキによる催促状を1〜2回送付することで回収率は上がります．返信用封筒は受取人払いより切手を貼るほうが，謝礼はないよりあるほうが，回収率は上がります．回収率が低い調査は，結果が事実から離れたものになるので，回収率を上げる工夫は重要です．

しかし，単に回収率が高い調査が正しい回答を得られているかといえば，疑わしい面もあります．たとえば，看護師を対象とした調査を看護部長からの命令系統を使って行えば，回収率はかなり高くなることが分かっています．しかし，たとえ無記名であったとしても，個人の名誉や不名誉に関わる事実は隠されてしまう恐れもあります．その点，回収率としての数字だけにとらわれることなく，自由に回答できることを保証した上で，できるだけ回収率を上げる工夫が必要です

C. 予算と相談して決める

郵送法のメリットは，調査経費が郵便料金のみであるため，直接配布の人件費に比べると格段に安いことです．しかし，上に述べたように，何らかの工夫は欠かせません．また，謝礼を支払うことが可能であれば，回収率を上げることができますが，あまりお金はかけられないのが現状でしょう．もし，謝礼を支払う予算があれば，事後報酬より事前報酬のほうが回収率は高いという報告もあります．

5.2　データの整理と集計

よく練られた質問紙による調査の結果，重要なデータが得られます．これらのデータがもつ情報を，集約することによって見えてくるものがあります．本節では，質問紙調査でよく行われる，単純集計や変数と変数との関連性を解析する方法について学習します．

5.2.1　データの入力

まず，調査票の回答を数値データとしてパソコンに入力することから始めます．データ入力には Excel を使用します．調査の規模が大きくなるほど大変な作業となりますが，入力に間違いがあると誤った結果が導かれるので細心の注意が必要です．

A．コード表を作る

コード表		
性別	男性	1
	女性	0
年齢		数字
介護度	要介護1	1
	要介護2	2
	要介護3	3
	要介護4	4
	要介護5	5
薬の服用	あり	1
	なし	0
欠損値		.

「はい」「いいえ」などの回答をそのまま文字で入力するのではなく数値に置き換えて入力するため，対応をつけることができるようにコード表を作っておきます．入力に当たっては，最初にしっかりした計画を立てて行うことが重要です．いい加減に入力を始めると，後で膨大な見直し作業が発生し，必ず後悔することになります．無回答や誤回答は欠損値として「.」（ドット）を入力しておきます．

B．データ入力は横並びに

調査票には通し番号をつけておき，その番号をその人の ID 番号とします．ID番号とは，その人を他の人と識別する番号です．データを入力する際は ID 番号から始め，その人のデータを横並びに入力していきます．

	A	B	C	D	F	G	H	I	J	K	L
1	ID	性別	年齢	介護度	口の渇き	質問1	質問2	質問3	質問4	質問5	質問6
2	1	0	65	5	0	3	3	2	3	3	3
3	2	1	82	2	0	4	4	4	4	4	4
4	3	0	90	4	1	4	4	4	4	4	4
5	4	0	79	4	0	2	2	2	4	4	4
6	5	1	81	1	1	2	4	4	4	4	4
7	6	0	87	2	1	3	3	4	4	4	3
8	7	1	71	1	0	2	3	3	4	3	3
9	8	0	84	2	0	3	2	2	2	3	3
10	9	0	74	3	0	1	4	2	4	4	2

図 5.1　データ入力画面

C.　入力に間違いがないか確認する（データクリーニング）

データクリーニング

入力作業は調査票から正しく転記しなければいけません．すべて入力作業が終わったら，もう一度見直すことが大事です．できれば複数で見直し作業を行ったほうが確実です．なお，間違って異常値を入力した場合のチェックとして，Excel

オートフィルタ

にはオートフィルタとよばれる機能があるので，次に述べるように，オートフィルタを使って異常値のチェックすることも可能です．

D.　オートフィルタによる異常値チェック

> 課題 5.1　[sagyo] フォルダの [chapter5] フォルダに置かれた [kadai5.1.xls] は，次の課題のデータシート [kadai5.2.xls] の一部ですが，意図的に介護度に入力ミスがインプットされています．オートフィルタを用いて [kadai5.1.xls] ファイルの入力ミスをチェックしなさい．

I. はじめに

第 2 章で，箱ひげ図による異常値のチェックについて学習しました．そこでの異常値とは異常に大きいか，または小さいかの連続値のことでした．介護度は，1，2，3，4，5 のいずれかの値しかとりません．したがって，もしこれらの数値以外の数値が入力されていたら入力ミス，すなわち異常値ということになります．この場合の異常値とは必ずしも飛び外れて大きいか小さいかの値を意味するわけではありません．Excel のオートフィルタ機能は，このようなタイプの入力ミスによる異常値を検出するのに有用です．

E.　II. チェックの仕方

1. [kadai5.1.xls] ファイルを開き，[介護度] のどれか 1 つのセルをクリックしておきます．

2. Excel メニューバーから [データ]→[フィルタ] を選択します．選択すると同時に 1 行目の [ID]，[性別]，[年齢]，[介護度] の各項目の右に ▼ が現れるので，[介護度] の右の ▼ をクリックします（図 5.2）.

3. 図 5.3 が現れます．介護度は 1，2，3，4，5 のいずれかで評価されているので 10 が記入ミスされていることが分かります．

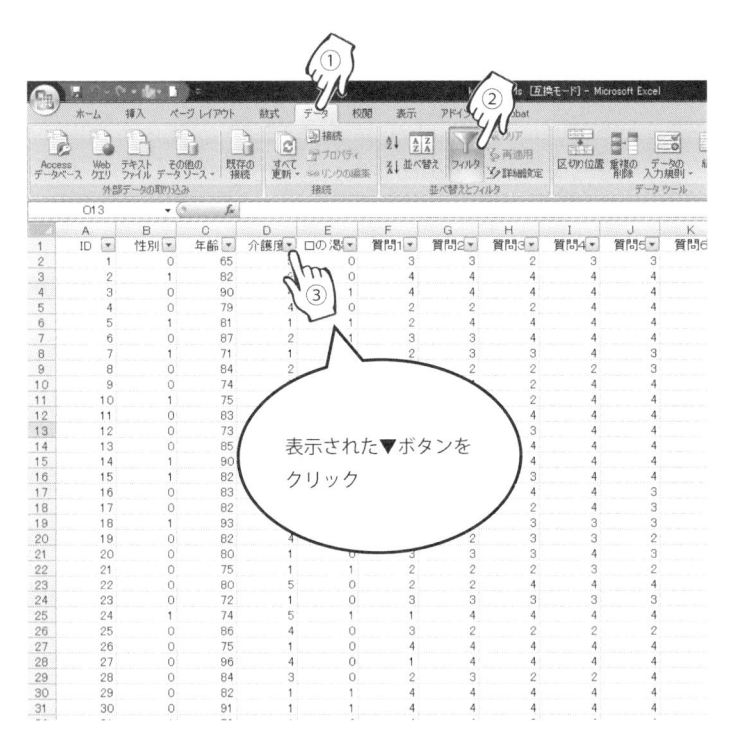

図 **5.2** オートフィルタを使った異常値の抽出 1

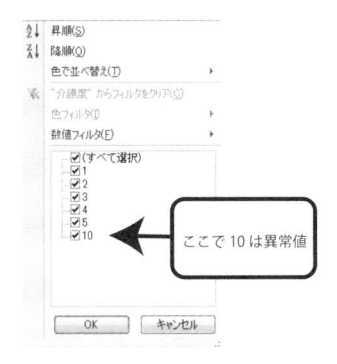

図 **5.3** オートフィルタを使った異常値の抽出 2

4. 10 以外の数値左側のチェックを外して [OK] ボタンをクリックします. 記入ミスされた個体のデータが表示されるので訂正します. 最後に [フィルタ] をクリックすると訂正されたデータを含む全データが画面に出ます.

5.2.2　単純集計：データの個数など

> **課題 5.2**　[sagyo]フォルダの[chapter5]フォルダに置かれた[kadai5.2.xls]
> ファイルは，「介護に関する質問紙調査」から作成したデータの一部で
> す．調査で得られた性別，介護度，口の渇きなどの各項目について単
> 純集計しなさい．

　単純集計とは，調査で得られた性別，年齢などのデータを，1 つの項目ごとに
集計する方法です．Excel では，次のように集計表を作ることができます．

A.　集計表を作る

1. 図 5.4 のように，セルのどれか 1 つを選択しておき（どのデータでもよい），
メニューバーの[挿入]→[ピボットテーブル]を選択して[OK]ボタンをク
リックすると，新規のワークシートに図 5.5 のような画面が表示されます．

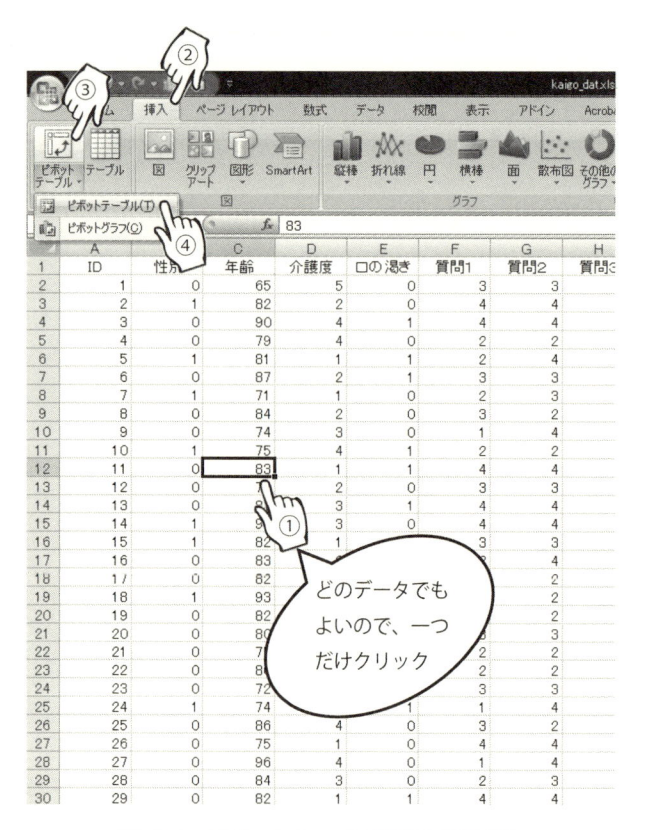

図 **5.4**　ピボットテーブル画面の表示方法

2. 画面右側のフィールドリストで，集計したい項目にチェックを入れると，ピ
ボットテーブルに選択した項目の集計結果が表示されます．たとえば，「介護
度」を集計したければ，図 5.6 のように[介護度]を選択すると，まず合計

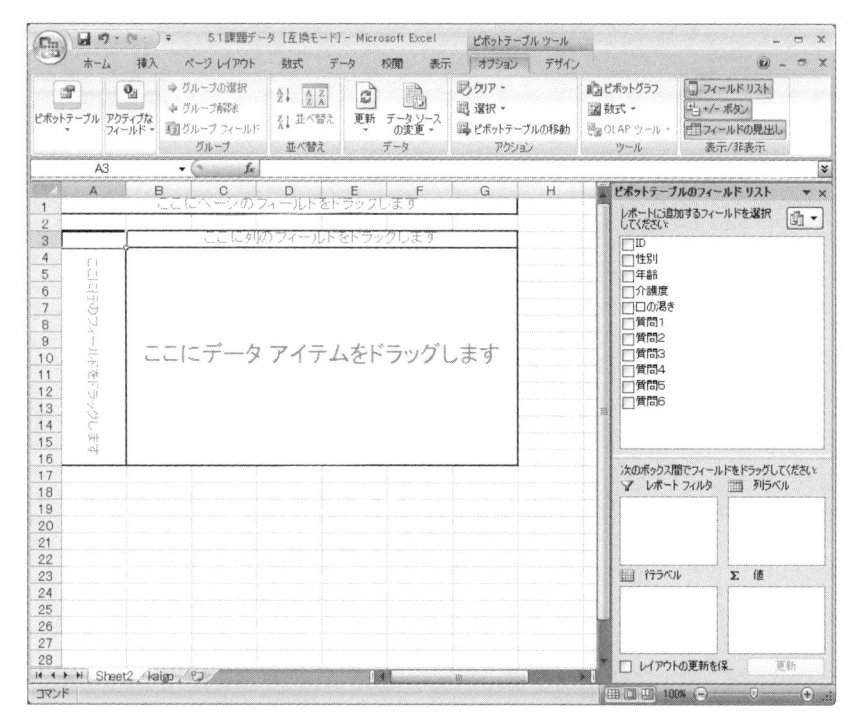

図 **5.5**　ピボットテーブル画面の表示画面

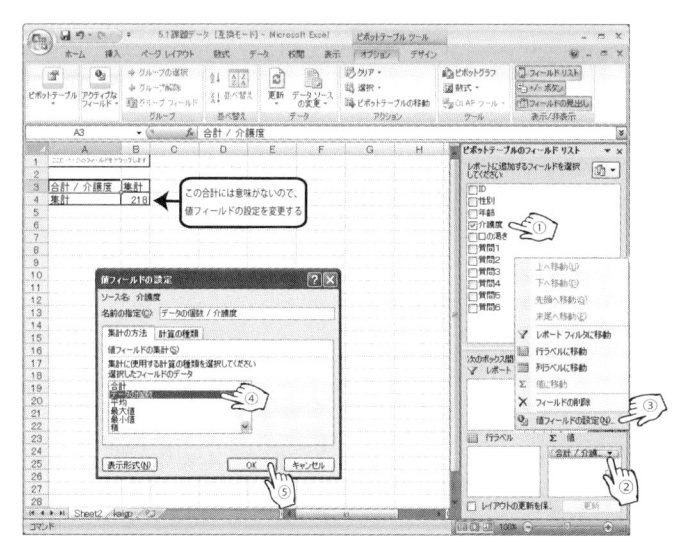

図 **5.6**　フィールドの設定

が表示されます.

3. しかし，この合計には意味がありません．これを個数に変更するためにフィールドリストの [Σ 値] に出力された [合計 / 介護] 右の選択ボタンをクリックし，[値フィールドの設定]→[データの個数]→[OK] を選択します．すると，データの個数の集計結果が表示されます.

4. 図5.6に続いて図5.7のように，フィールドリストからさら［介護度］を［行ラベル］にドラッグします．すると，介護度のレベルごとに集計された度数分布表が表示されます．

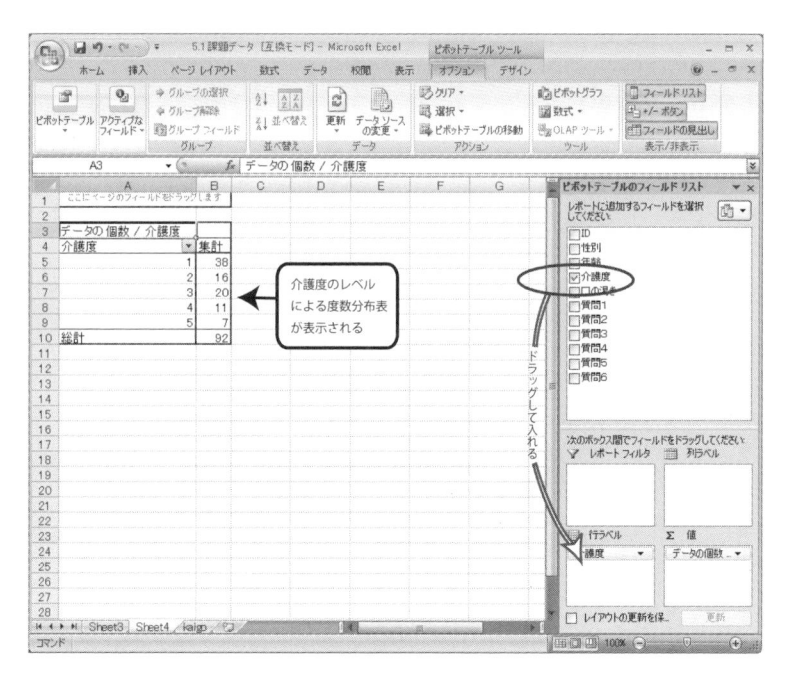

図 5.7 介護度の集計

5. ［介護度］以外の他の項目を集計したいときは，［介護度］のチェックをはずし，集計したい項目にチェックを入れ，上と同様にします．

B. グラフにする

できた集計表からグラフを作成するには，以下のようにします．グラフ化することによって，視覚的にどのような特徴をもつ集団かが直感的に理解できます．

1. メニューバーの［ピボットテーブルツール］をクリックすると新しいメニューバーが表示されるので，その中から［ピボットグラフ］を選択します．図5.8のようなグラフの挿入画面が表示されます．

2. たとえば［円グラフ］を選択すると，図5.9のような円グラフが表示されます．

3. 凡例を適切に表示したければ，ピボットテーブルのセルの中で，「1」を「要介護1」，「2」を「要介護2」のように修正すると自動的に凡例が修正されます．

4. タイトルの修正は，グラフの中でタイトルを選択し，マウス右ボタンを押して出た画面から［テキストの編集］を選択して修正します．

5. 割合を表示したグラフにするには，メニューバーの［デザイン］を選択し出た画面の［グラフのレイアウト］の中から好みのものを選択します．

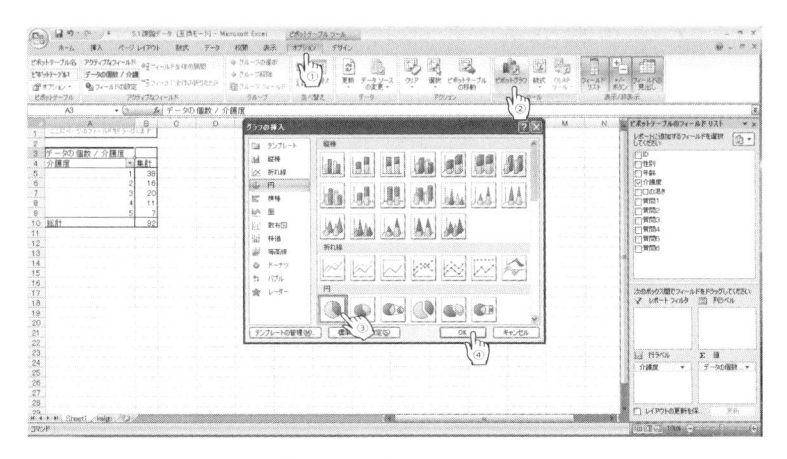

図 **5.8**　ピボットグラフ

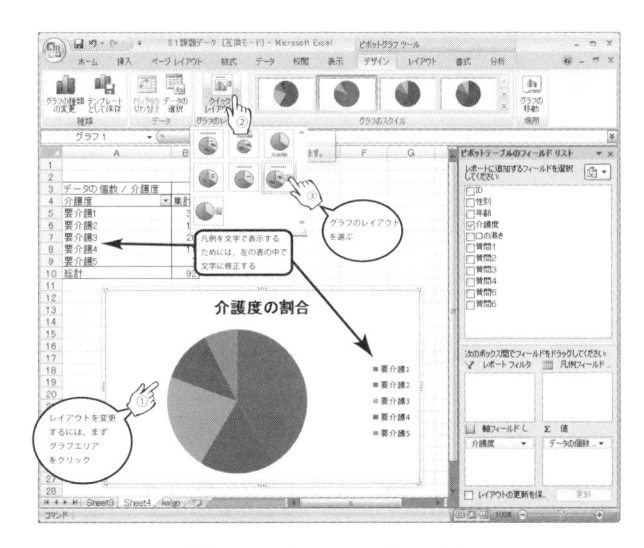

図 **5.9**　グラフのレイアウト

C.　対象集団の特徴をとらえる

　調査の対象がどのような人々であるのか，それは若い人たちなのか高齢者の集団なのか，男性ばかりなのか，女性が若干多いのかなど，その後の結果の解釈に必要な集団の特徴をとらえておきます．性別や介護度などのカテゴリーデータの場合は割合，年齢や体重のように連続的な数値が並ぶデータ（数値データ）では，平均値，標準偏差，最小値，最大値，中央値などの基本統計量とよばれるものの値によって，集団の特徴をとらえることができます．

5.3　関連性（独立性）の解析

　本節では，2つの変数の間に関連性があるかどうかについて，2×2 表のカイ二乗検定による解析と $n \times m$ 表のカイ二乗検定による解析について学習します．

5.3.1 2 × 2 表のカイ二乗検定

課題 5.3 [sagyo] フォルダの [chapter5] フォルダに置かれた [kadai5.2.xls]
ファイルには，口の渇き（気になる：1，気にならない：0），と要介護度
（1，2，3，4，5）のデータも入っています．口の渇きが気になると答
えた人は，要介護度が重度の人より軽度の人のほうが多いだろうか？

A. はじめに

データを口の渇きと要介護度の 2 × 2 表に要約し，課題 5.3 を解析すること
にします．口の渇きは「気になる (1)」と「気にならない (0)」の 2 水準です．介護
度には 5 つのレベルがありますが，「重度 (2)」と「軽度 (1)」の 2 水準に分ける
ことにします．ここでは要介護 1〜2 を軽度とし，要介護 3〜5 を重度とします．
なお，重度と軽度の分け方は調査票を作成した時点で事前に決めておくべきです．

B. データの 2 値化

[kadai5.2.xls] から要介護度を 2 水準に分ける手順は次のようです．

1. 図 5.10 のように Excel ファイルの E 列に新しい列を挿入して [介護度 2] を
   作り，セル E2 をクリックしたあとメニューバーの関数キー [f_x] をクリッ
   クすると [関数の挿入] 画面がでます．

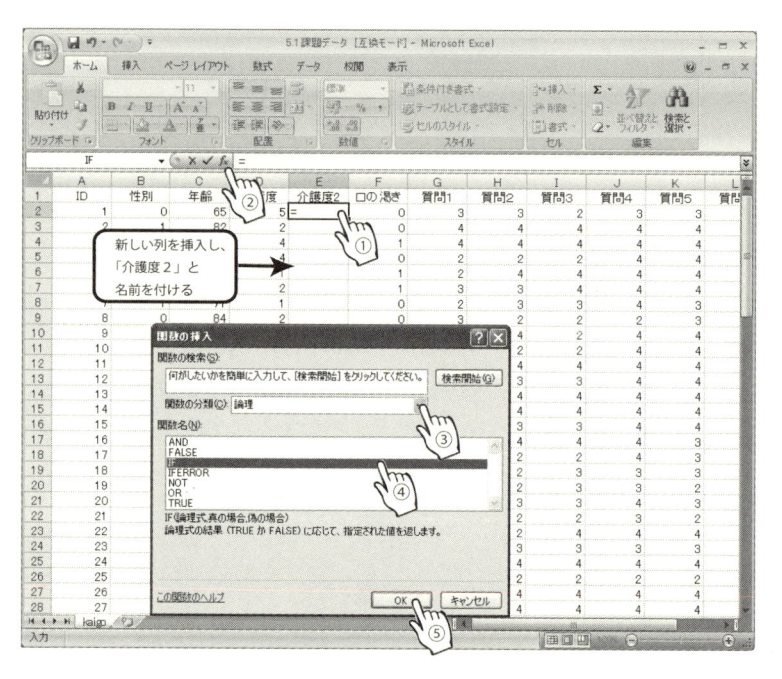

図 **5.10** データの 2 値化 1

2. 画面 [関数の挿入] の中の [関数の分類 (C)]→[論理]→ [IF] を選択して

[OK] ボタンをクリックすると図 5.11 のような画面が現れます．[論理式]
右の空欄に「D2 > 2」をインプットし，[真の場合] 右の空欄に 2，[偽の場
合] 右の空欄に 1 をインプットして [OK] ボタンをクリックします．

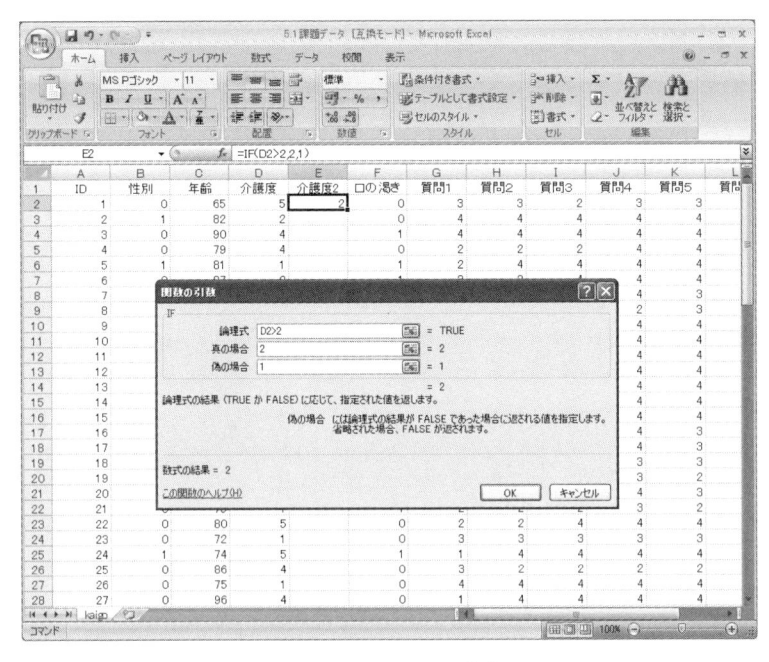

図 **5.11** データの 2 値化 2

3. セル E2 に数値 2 がアウトプットされます．E2 セルの右下にカーソルをもっ
   ていくと ＋ が現れるのでマウスの左ボタンを押したまま下のほうへ ID 92
   番までドラッグして左ボタンを離すと，列 D の数値が 3 以上なら 2，2 以下
   なら 1 という新しいデータが介護度 2 の列にインプットされます．

4. 新しいデータが加わったファイルを「kaigo.xls」と名づけて保存します．

C. 2 × 2 表の作成

[kaigo.xls] から口の渇きと要介護度の 2 × 2 表を作る手順は，次のようです．

1. セルのどれか 1 つを選択しておき（どのデータでもよい），メニューバーの
   [挿入]→[ピボットテーブル] を選択して [OK] ボタンをクリックすると，
   新規のワークシートに図 5.12 のような画面が表示されます．

2. 図 5.12 の画面に示されたように「介護度 2」を [行ラベル]，「口の渇き」を
   [列ラベル] にドラッグすると，2 × 2 の集計表ができます．

3. 2 × 2 表の [ここにデータアイテムをドラッグします] に [介護度 2] をドラッ
   クすると表の中に合計が記入されます．求めるのは条件を満たす個数である
   のでこの合計は無視します．

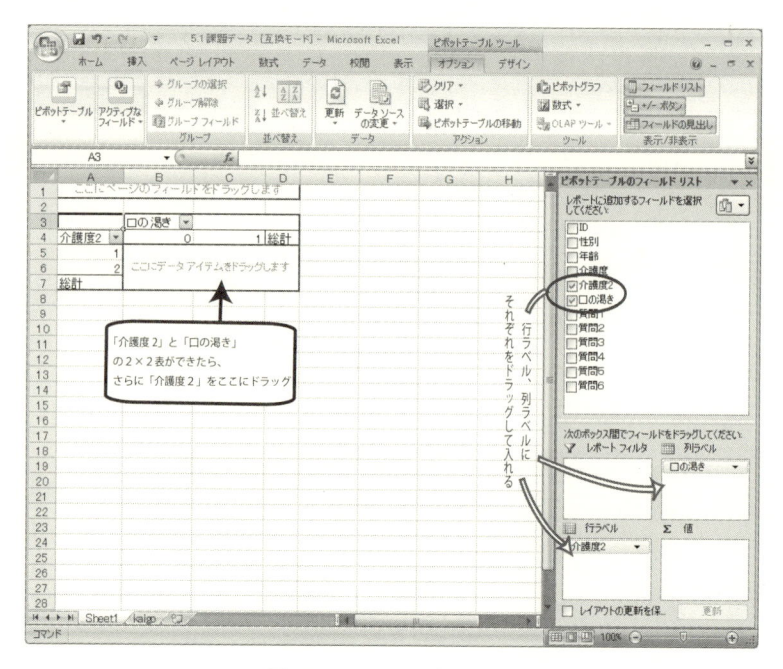

図 **5.12**　2×2 表の作成

4. ピボットテーブルのフィールドリスト [Σ 値] の中の [合計 / 介護] 右の選択ボタンをクリックし, [値フィールドの設定]→[データの個数] を選択し, [OK] ボタンをクリックすると図 5.13 のような 2×2 表がアウトプットされます.

データの個数 / 介護度2	口の渇き ▼		
介護度2　　　　　　　▼	0	1	総計
1	37	17	54
2	29	9	38
総計	66	26	92

図 **5.13**　口の渇きと要介護度

D. 母集団と標本

　課題 5.3 では, 仮説として「口の渇きが気になる人は, 要介護度が重度の人より軽度の人のほうが多い」が挙げられ, この仮説が正しいかどうかをデータに基づいて示すことが問われています. 実際, 図 5.13 にまとめられたデータは, 口の渇きが気になる人は介護度が軽度の者で 54 人中 17 人 (31.5%) であるのに対し, 重度の人では 38 人中 9 人 (23.7%) であることを示しており, 仮説が正しいように見えます. しかし, 仮説で問われているのは, 介護を受けている人全体 (母集団) についての問いであるにもかかわらず, 図 5.13 の結果は, 調査対象者 92 人 (標本) の結果にすぎません. もう一度調査をくりかえしたとき, 別の人が選ばれるので同じ結果が得られないことは明らかです. 母集団について仮説が正しいかどうかを示すためには, 統計的検定を行う必要があります.

E. 帰無仮説と対立仮説

検定を行うためには，まず，口の渇きと要介護度との関連性があることを主張したいとき，これを否定する仮説を立てます．これを帰無仮説とよびました．つまり，

帰無仮説 H_0：口の渇きと要介護度は関連がない．

次に，帰無仮説に対立する次の対立仮説を立てます．

対立仮説 H_1：口の渇きと要介護度は関連がある．

そうして，データが帰無仮説と対立仮説のどちらを支持するかの検定を行います．この検定で対立仮説が支持されたとき，口の渇きと要介護度は関連があるといえます．さらに，図 5.13 で示された結果，すなわち口の渇きが気になる人の割合は重度の人より軽度の人が多い，という知見をあわせて考慮すると「口の渇きが気になると答えた人は，要介護度が重度の人より軽度の人のほうが多い」ということができます．

F. p 値

仮説の検定を行うには，はじめに有意水準と帰無仮説および対立仮説を決めておかなければいけません．有意水準は通常 5% に設定されます．次に調査を行ってデータを集め，最後に p 値を算出して対立仮説が支持されるかどうかを調べます．つまり，p 値が有意水準未満なら「有意水準 5% で対立仮説が正しいというエビデンスが得られた（p 値 $= xxx$）」と判定し，p 値が 5% 以上なら有意水準 5% で対立仮説が正しいというエビデンスは得られなかった（p 値 $= xxx$）」と判定します．なお，p 値，および p 値に基づくこのような判定の仕方の詳細は第 3 章で与えられています．

以下では，**カイ二乗検定**とよばれる検定を適用して p 値を算出します．　　　カイ二乗検定

G. R によるカイ二乗検定

上で，フォルダ [sagyo] の [chapter5] フォルダに置かれた [kadai5.2.xls] から重症度を 2 水準に分けたファイル [kaigo.xls] を作ってフォルダ [chapter5] に保存しておきました．ここでは，このデータを R に読み込み，2×2 表を作成し，有意水準 5% でカイ二乗検定を行います．なお，フォルダ [chapter5] に [kaigo2.xls] を置いています．[kaigo.xls] を作っていない場合は，このデータシートを利用して先に進んでください．

1. R へのデータのインポート

[kaigo.xls] を R にインポートします．

- R コマンダーメニューバーの [データ]→[データのインポート]→[from Excel, Access or dBase data set] を選択すると，画面に [データセット名を入力] が出ます．そこで，適当なデータセット名をインプットし，

[OK] ボタンをクリックします. ここでは,「kaigo データ」という名前
をつけました.

- Excel のデータシートを開くための画面が表示されます. [sagyo] フォ
  ルダの [chapter5] フォルダに置かれた [kaigo.xls] ファイルを選択して
  [OK] ボタンをクリックします.
- 以上で R へのデータの読み込みは完了します.
- データの読み込みが終わると, R コマンダーの [メッセージ欄] にデータ
  セットの名前と, データ構造が表示されます. また、メニューバー下の
  [データセット] の表示欄に青字で「kaigo データ」と表示され, [kaigo.xls]
  が R に正しく読み込まれ, 解析されるのを待っていることが確認できます.

2. カテゴリカルデータへの変換

「kaigo データ」は, 数値で入力しているため, まず, R2.7.0 にカテゴリカ
ルデータとして認識させます. メニューバーの [データ]→ [アクティブデー
タセット内の変数の管理]→ [数値変数を因子に変換] と選択すると, 図 5.14
のような画面が表示されます. この画面で変換したい変数, いまの場合 [介
護度 2] と [口の渇き], を選択して反転させ, [数値で] にチェックを入れて
[OK] ボタンをクリックします. すると, [変数介護度 2 がすでに存在して
います. 変数に上書きしますか?] と尋ねられるので, [Yes] をクリックし
ます. [口の渇き] についても同様にします.

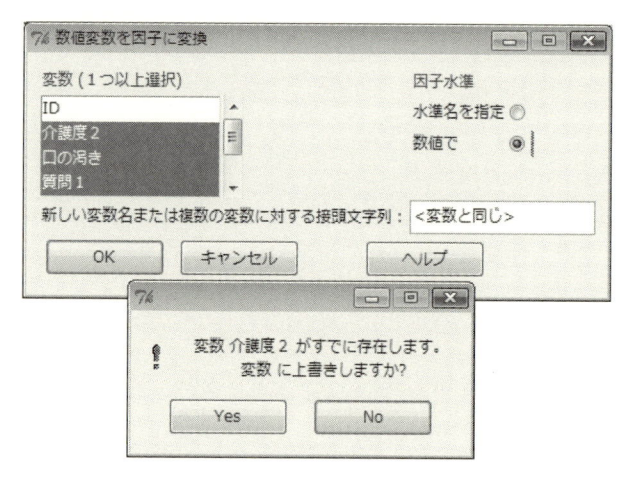

図 5.14 数値変数を因子に変換する

3. 2 × 2 表の作成

メニューバーの [統計量]→ [分割表] → [2 元表] と選択すると, 図 5.15 の
ような 2 元表の入力画面が表示されます.

■ 注 5.1 R では, 2 × 2 表のことを 2 元表 とよんでいます.

4. ここで, [行の変数] に「介護度 2」, [列の変数] に「口の渇き」を選択し, 行

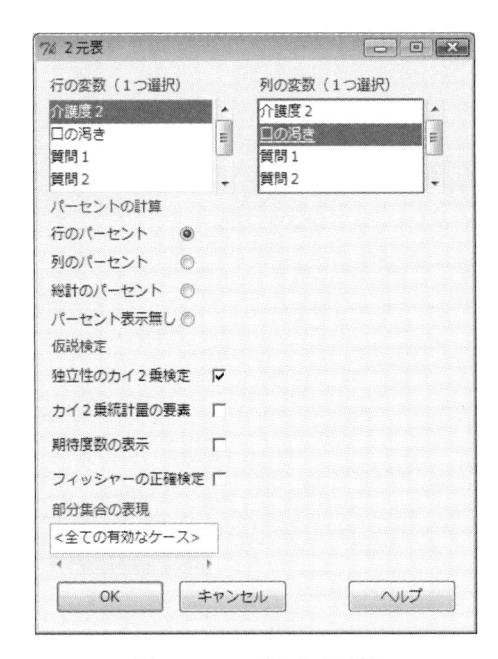

図 **5.15**　2元表入力画面

のパーセントにチェックを入れておきます．仮説検定は［独立性のカイ2乗
検定］にチェックを入れます．［OK］ボタンをクリックすると，出力ウィン
ドウに図 5.16 のような結果が表示されます．

```
出力ウィンドウ

> .Table
        口の渇き
介護度2  0  1
      1 37 17
      2 29  9

> .Test <- chisq.test(.Table, correct=FALSE)

> .Test
ピアソンのカイ二乗検定（連続性補正なし）

データ:  .Table
カイ二乗値 = 0.6689, 自由度 = 1, P値 = 0.4135
```

図 **5.16**　出力ウィンドウ

図 5.16 の上の 2 × 2 表は，図 5.13 と同じ表です．また，下の 2 × 2 表は，
行のパーセントを表示したものです．

カイ二乗検定（**ピアソンのカイ二乗検定**）の結果は，次のように表示されます． 　　ピアソンのカイ二乗検定

> ピアソンのカイ二乗検定（連続性補正なし）
>
> データ：.Table
> カイ二乗値 $= 0.6689$, 自由度 $= 1$, p 値 $= 0.4135$

表より p 値は 0.41 です．この値は有意水準の 5% より大きいので「口の渇き
と介護度に関連があるというエビデンスは得られなかった（p 値 $= 0.41$）」と
結論されます．

独立性の検定

■ **注 5.2** 上のカイ二乗検定は，**独立性の検定**ともよばれています．これに対し
て介護度の違いによって口の渇きが気になる人の割合が比較される場合もあ
ります．この検定は**比率の均一性の検定**，あるいは単に**比率の検定**とよばれ
ます．比率の検定は，4.1 節で学習しました．独立性の検定と比率の検定は，
数学的に同一で，両者からは同一の p 値がアウトプットされます．ただし，
比率の比較の場合は比率の差の信頼区間もアウトプットされます．

比率の均一性の検定
比率の検定

5.3.2 $n \times m$ 表のカイ二乗検定

> **課題 5.4** 表 5.1 は，高齢者の自歯の本数と歯ブラシを用いた歯磨きを行っ
> ているかどうかについて調査したデータをまとめた 2×4 表です．自歯
> の本数は 4 水準にまとめられています．歯磨きと高齢者の自歯の本数
> との間に関係があるだろうか？

表 5.1 高齢者の自歯の本数と歯磨きの関連

歯磨き	自歯の本数			
	0 本	10 本以下	10〜20 本	20 本以上
実行していない	9	3	1	0
実行している	2	13	11	18

A. はじめに

課題 5.4 に答えるために，有意水準 5% で，次の帰無仮説と対立仮説の検定を行
います．

帰無仮説 H_0：歯磨きと高齢者の自歯の本数には関係がない．

対立仮説 H_1：歯磨きと高齢者の自歯の本数には関係がある．

もし，データシート [kaigo.xls] のような形式でデータが与えられていれば，上
の帰無仮説を対立仮説に対比する検定は前節で学習した検定が適用できます．こ
こでは，データが表 5.1 のような 2×4 分割表で与えられているのが第 1 のポイ
ントです．第 2 のポイントは，表 5.1 では，1 つのセルに入る数値が 0，1，2 な
どと小さく，しかもデータの総個数が多くないことです．データの総個数が多く，
しかも 1 つのセルに入る数値が 4 以上のときは，カイ二乗検定が適用できます．
しかし，そうでない場合は**フィッシャーの正確検定 (Fisher's exact test)** と
よばれる検定を適用します．

フィッシャーの正確検定

■ **注 5.3** フィッシャーの正確検定という用語は R に従って用いましたが，フィッ
シャーの直接法による検定とよばれるべき検定です．決して "正確な検定 "

フィッシャーの直接法によ
る検定

という意味ではありません.

B. R による p 値の算出

表 5.1 のデータにフィッシャーの正確検定を適用して p 値を算出します. R による p 値算出の手順は以下のようです.

1. メニューバーから [統計量]→[分割表]→[2元表の入力と分析] を選択します.

2. 図 5.17 のような [2元表を入力] 画面が出るので, [列数] の箱にカーソルを当て右にずらすと列数が選択できます. 列数を 4 にすると空欄の 2×4 表が表示されるので, 各セルに表 5.1 のデータをインプットします.

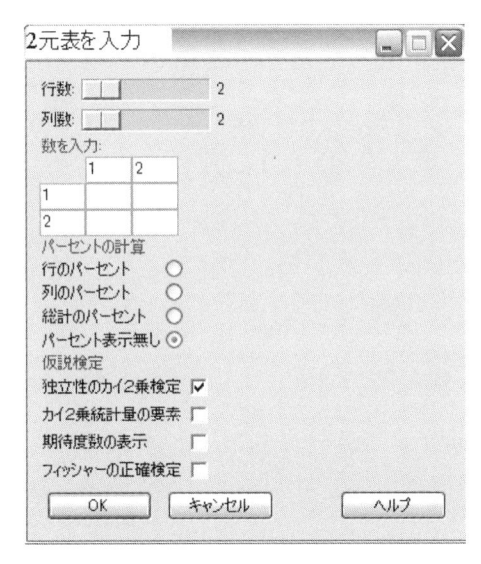

図 **5.17** 分割表の入力画面

3. 仮説検定の項目で [フィッシャーの正確検定] にチェックを入れ [OK] ボタンをクリックします. なお, データの個数が多い場合, フィッシャーの正確検定では計算時間が莫大になり結果が出ないことが生じます. データの個数が多い場合は, [独立性のカイ二乗検定] にチェックを入れて p 値を算出します.

C. 結果とその解釈

次は, アウトプットの中の重要な部分です.

> 計数データにおけるフィッシャーの正確検定
>
> データ： .Table
> p 値 $= 1.892e - 06$
> 対立仮説：等しくない

アウトプットの $e-06$ は 10^{-6} のことです．したがって

$$p \text{ 値} = 1.892 \times 10^{-6} = 0.000001892$$

です．この値は有意水準の 5% より小さいので，有意水準 5%で帰無仮説は棄却され，対立仮説が採択されます．すなわち「有意水準 5%で，歯磨きと高齢者の自歯の本数には有意な関係があるというエビデンスが得られた（p 値 < 0.001）」と結論できます．

第6章
平均の比較

　第3章では，統計的検定や信頼区間など統計的推測の基本について学びました．また，第4章では，比率に特化して2つのサンプルの検定と信頼区間について学びました．この章では，2つのサンプルの平均の比較について学習します．図6.1に，本章で学ぶ統計的検定の選択を簡単な流れ図として与えています．なお，この章を通して，2つの母集団の平均を μ_1，μ_2，分散を σ_1^2，σ_2^2 とし，取り出した標本の標本平均値を $\bar{x}_1$，$\bar{x}_2$，標本分散を s_1^2，s_2^2 で表します．ここで，μ はミュー，σ はシグマと読むギリシャ文字です．

> 本章学習のためのチェック事項
> ★ 使う PC に [R2.7.0]，および [chapter6] をダウンロードしたか？
> ★ 使用する PC に [sagyo] フォルダを作成したか？
> ★ [sagyo] フォルダに [chapter6] フォルダをコピーしたか？

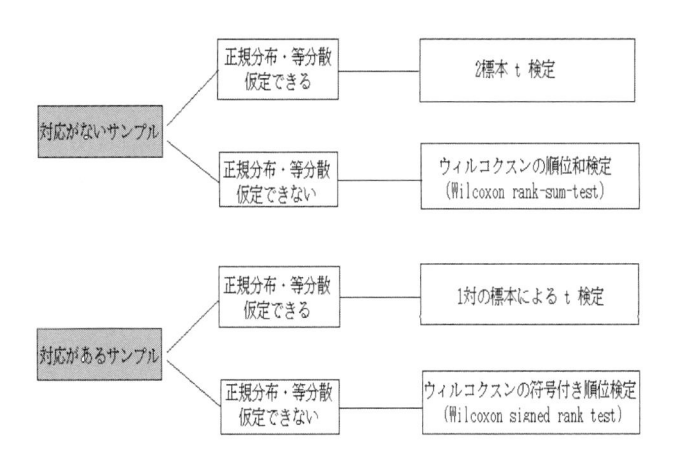

図 **6.1**　2つのサンプルの差の検定

6.1 対応がないサンプル

対応がないサンプル　　異なる対象（個体）から取られたサンプルのことを，**対応がないサンプル**とよびました（第 4 章参照）．本節では，対応がないサンプルの比較について，正規分布が仮定できて，かつ母分散が等しい場合（2 標本 *t* 検定），および正規分布，または等分散のどちらか一方が仮定できない場合（ウィルコクソンの順位和検定）のそれぞれの場合に分けて比較の方法を学びます．

> **課題 6.1**　女性高齢者の骨粗 鬆 症 が大きな問題となっている．予防には，若い頃にどれだけ骨密度を高くしておくかが重要である．そこで，中学生時代の食習慣が骨密度に与える影響を調べるために M 市内の中学生に対してスナック菓子を食べる頻度と骨密度の関連性を調べる調査が行われました．[sagyo] フォルダ内の [chapter6] フォルダに置かれた [kadai6.1.xls] は，その調査で得られたデータの一部で，スナック菓子を食べる頻度が週 3 日以上の 2 年生 51 名と週 3 日未満の 2 年生 61 名の骨密度のデータです (単位 g/cm^2)．週 3 日以上食べる生徒と週 3 日未満しか食べない生徒の間で骨密度の間に差があるであろうか？

6.1.1　はじめに

　課題 6.1 のサンプルは，別々の対象からとられた対応がないサンプルです．両群の骨密度の平均値を求めると

週 3 日未満しか食べない生徒の骨密度の平均値 = 0.554,
週 3 日以上食べる生徒の骨密度の平均値 = 0.569

で週 3 日未満の生徒の平均値は週 3 日以上の生徒の平均値よりも $0.569 - 0.554 = 0.015$ 大きいことが分かります．しかし，この差は週 3 日以上の生徒 51 名と週 3 日未満の生徒 61 名のサンプルから得られた結果にすぎません．サンプルには偶然によるバラツキがあります．バラツキの大きさと比較したときに，この差は果たして大きいといえるのかどうかについて吟味する必要，つまり統計的検定を行う必要があります．有意水準 5% で検定を行うことにします．

A.　母集団とサンプル

　統計的検定を行うには，まず，母集団平均とサンプルの平均値を区別することが重要です．課題 6.1 では，日本全体で週 3 日以上スナック菓子を食べる中学 2 年生と週 2 日未満の中学 2 年生を 2 つの母集団と考えます．これら母集団の骨密度の平均を，それぞれ μ_1，μ_2 と表します．

　これに対して，週 3 日以上スナック菓子を食べる生徒 51 名と，週 2 日未満の 61 名の骨密度は各母集団から抽出されたサンプルであり，それぞれの群の生徒の平均値 $\bar{x}_1 = 0.554$ と $\bar{x}_2 = 0.569$ が標本平均値です．図 6.2 に両者の関係を示しました．統計的検定は，第 3 章で学んだように，$\bar{x}_1$ と $\bar{x}_2$ の差から μ_1，μ_2 の

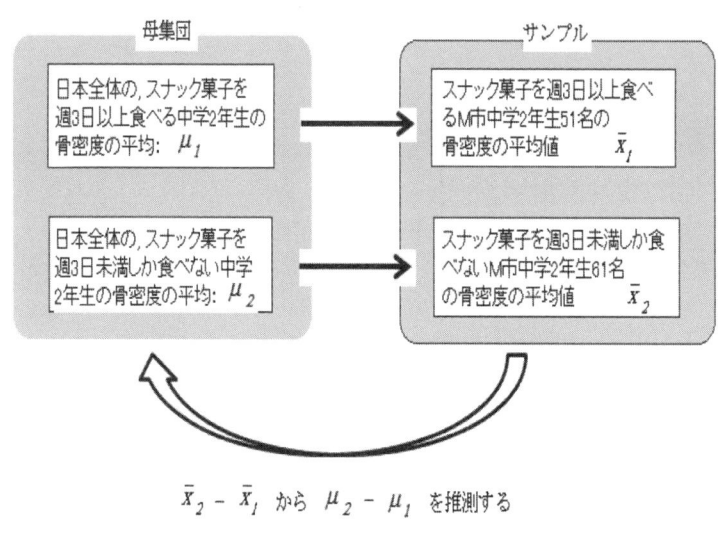

$$\bar{x}_2 - \bar{x}_1 \ \text{から} \ \mu_2 - \mu_1 \ \text{を推測する}$$

図 **6.2** 母集団とサンプル

差を検定する方法です.

B. 帰無仮説と対立仮説

次に,帰無仮説 (null hypothesis) と対立仮説,および有意水準を設定します.ここでは,有意水準を5%として両側検定を行うことにします.帰無仮説と対立仮説は,次のように,否定したいことを帰無仮説に,主張したいほうを対立仮説にします.

> 帰無仮説 $H_0 : \mu_1 = \mu_2$
>
> 対立仮説 $H_1 : \mu_1 \neq \mu_2$

この帰無仮説と対立仮説の検定を **2 標本平均の検定**といいます.　　　　　2 標本平均の検定

C. p 値

最後に p 値を算出し,結果を解釈します.2 標本平均の検定は,第3章で学んだように,標本平均値の差 $\bar{x}_2 - \bar{x}_1$ の絶対値とその標準誤差 SE との相対的な大きさを p 値というモノサシで表し,p 値 が有意水準より小さければ「帰無仮説を棄却して,対立仮説を採択」します.

対立仮説が採択されるとき,週3日以上スナック菓子を食べる日本全体の中学2年生の骨密度の平均と週3日未満しか食べない日本全体の中学2年生の骨密度の平均とは異なるというエビデンスが得られます.他方,p 値 が有意水準より大きければ,「帰無仮説を棄却するエビデンスが得られなかった」,つまり「週3日以上スナック菓子を食べる日本全体の中学2年生と週3日未満しか食べない日本

全体の中学 2 年生骨密度の平均が異なるというエビデンスは得られなかった」と
判定します.

D. p 値の算出

p 値 は, 2 つの母集団分布が図 6.3 のように, 等しい分散をもつ正規分布に従う
場合, つまり分布が平行移動した場合と, そうでない場合に分けて算出します. 前
者を **2 標本 t 検定**, 後者を**ウィルコクソンの順位和検定 (Wilcoxon rank-sum
test)** と言います. 母集団分布が左右対称な釣り鐘型をしていない場合や, 釣り
鐘型の正規分布をしていても分散が等しくない場合に 2 標本 t 検定を行って p 値
を算出すると, 正しい p 値が算出されず, 間違った結論が導かれる可能性が強い
ので注意しましょう.

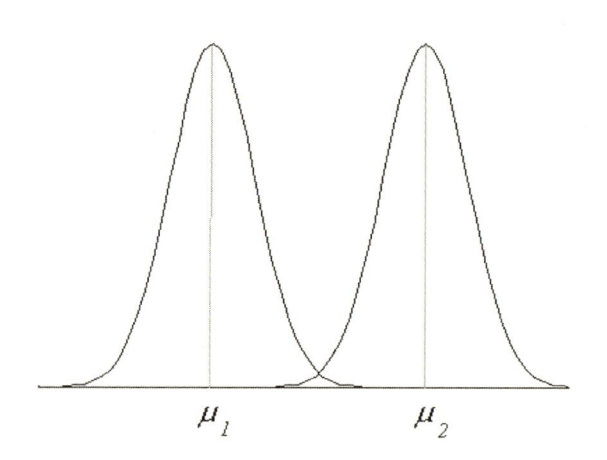

図 6.3 分散が等しい 2 つの正規分布（t 検定）

6.1.2 R2.7.0 へのデータファイルのインポート

課題 6.1 のデータは, Excel で作成されたデータシート [kadai6.1.xls] に準備
されています. このファイルを次の手順で R2.7.0 にインポートします.

1. R コマンダーのメニューバーの [データ]→[データのインポート]→[from
   Excel, Access or dBase data set] を選択すると, 画面に [データセット名
   を入力] が出ます. そこで, 適当なデータセット名をインプットし, [OK] ボ
   タンをクリックします. ここでは, 「Ex6.1.1 データ」とインプットしました.

2. Excel のデータファイルを開くための画面が表示されます. データファイル
   を入れたフォルダを開き, その中の [kadai6.1.xls] を選択して [開く] ボタ
   ンをクリックします.

3. 以上で R2.7.0 へのデータのインポートは完了します.

4. データのインポートが終わると, R コマンダーの [メッセージ欄] に「メモ:

データセット Ex6.1 データには 112 行，3 列あります」と表示されます．

5. R コマンダーの ［データ表示］ をクリックすると，図 6.4 が表示され，
   [kadai6.1.xls] が R2.7.0 に正しく読み込まれ，解析されるのを待っているこ
   とが確認できます．

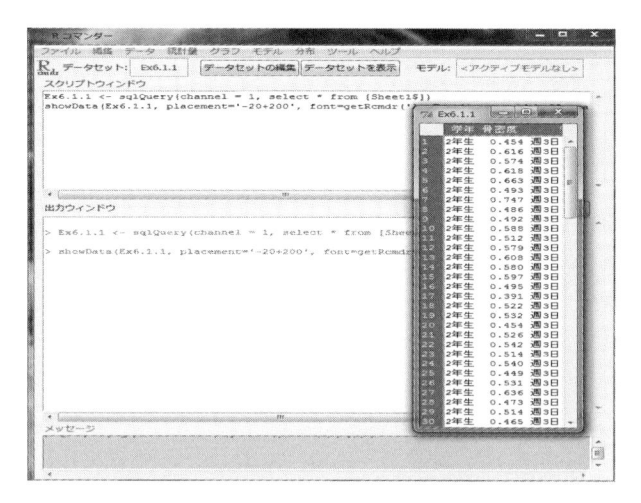

図 **6.4**　R2.7.0 にインポートされたデータ

■ **注 6.1**　R コマンダーの編集機能を使ってインプットしたデータの簡単な訂正
　ができます．しかし，多くの訂正や追加データがある場合は，Excel ファイル
　ルで訂正し，再度，読み込むほうが失敗が少ないようです．

6.1.3　データのチェック

検定を行う前に，次の 3 つのポイントについてチェックを行っておくことが重
要です．

- データに外れ値がないか．
- 正規分布に従う母集団からのサンプルであるか．
- 母集団分布の分散は等しいか．

以下の A, B, C で，各ポイントのチェックの仕方について学習します．

A.　外れ値のチェック

外れ値のチェックは，2.3 節（第 2 章）で学習した箱ヒゲ図によって行います．
図 6.5 は，課題 6.1 のデータの並行箱ヒゲ図です．図は，外れ値（異常値）が，週
3 日以上スナック菓子を食べる生徒の中に 2 個，週 3 日未満の生徒の中に 1 個あ
ることを示しています．外れ値は，結果に大きな影響を与えます．

実際，課題 6.1 では，週 3 日以上スナック菓子を食べる生徒の平均値と標準偏
差は

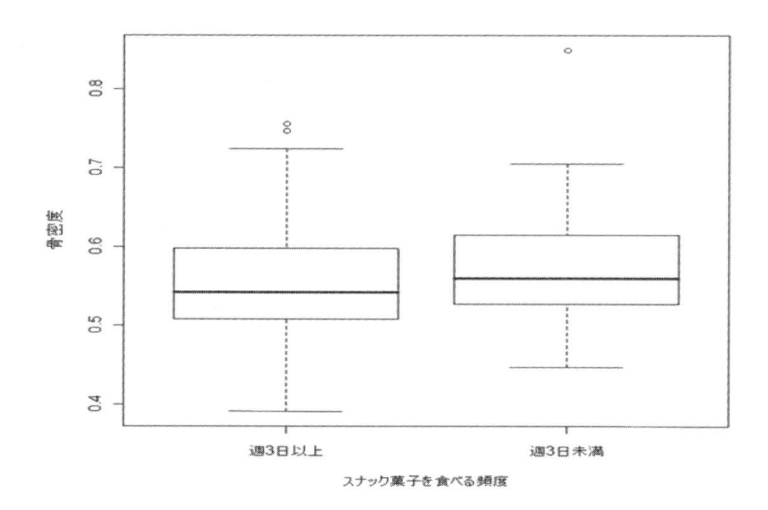

図 6.5 箱ヒゲ図

$$平均値 = 0.554, \quad 標準偏差 = 0.076$$

です．他方，2個の外れ値を除外してみると

$$平均値 = 0.546, \quad 標準偏差 = 0.066$$

です．外れ値が平均値や標準偏差にかなり大きな影響を与えていることが分かります．t 検定は外れ値の影響を受けやすいので，外れ値がある場合は適用してはいけません．

外れ値がある場合，なぜ外れ値が起こったのか，外れ値として除外して解析すべきかどうか慎重に吟味することが重要です．転記ミスなどの場合は訂正，または除外するのが当然ですが，ヒトのデータの場合など，外れ値が大きな意味を持つこともあります．除外したくない外れ値の場合は，外れ値の影響を受けにくいウィルコクソン順位和検定で検定を行ってください．

B. 正規分布のチェック

正規分布は，左右対称な釣り鐘型をしています．したがって，箱ヒゲ図で表すと，上下のヒゲの部分が，同じ長さとなり，さらに中央値を表すボックスの中の線分がボックスの中央に位置します．このことから，箱ヒゲ図を描き，上と下のヒゲの部分がほぼ同じ長さで，ボックスの中の線分がボックスのほぼ中央に位置していれば，母集団は正規分布に従っていると判断します．

C. 等分散のチェック

並行箱ヒゲ図を描き，2つの箱ヒゲ図のボックスの上辺と下辺の差，すなわち4分位範囲の長さがほぼ等しいとき，2つのデータセットの分散は等しいと判断します．

6.1.4　2 標本 *t* 検定

2 標本 *t* 検定は，上述した 3 個のチェックポイントがすべて満たされるときの平均の差の検定です．課題 6.1 のデータを用いて 2 標本 *t* 検定の説明をします．

A．データのチェック

●課題 6.1 のデータには，週 3 日以上スナック菓子を食べる生徒の中に 2 個，週 3 日未満の生徒の中に 1 個外れ値がありました．図 6.6 は，この外れ値を除外したときの並行箱ヒゲ図です．図より，週 3 日以上スナック菓子を食べる生徒の中に新たな外れ値が 1 つあることが分かります．図 6.7 は，この外れ値を除外したときの並行箱ヒゲ図です．新たな異常値はないことがチェックできます．さらに，2 つの箱ヒゲ図の両者においてボックスの上と下のヒゲの長さがほぼ等しいこと，またボックスの中の線分が両者ともほぼボックスの中央に位置していることも分かります．したがって，外れ値を除外した 2 組の骨密度のデータはそれぞれ正規分布に従っていることがチェックできました．さらに，2 つのボックスの上辺と下辺との距離はほぼ等しいことから，等分散が満たされていることもチェックできます．

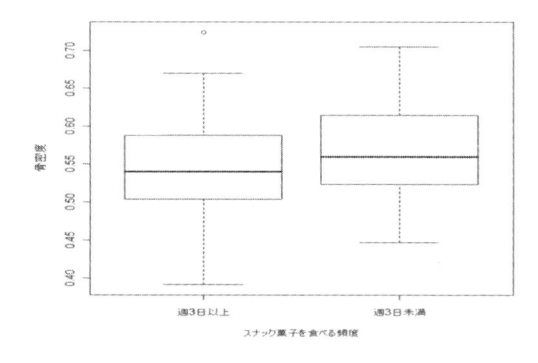

図 **6.6**　図 6.5 から外れ値を除外したデータの箱ヒゲ図

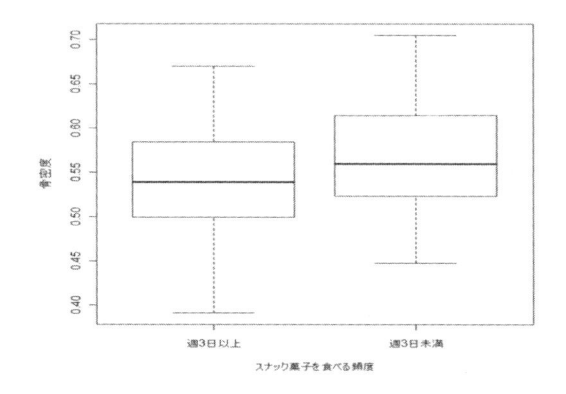

図 **6.7**　図 6.6 から外れ値を除外したデータの箱ヒゲ図

B. 帰無仮説と対立仮説

●次の帰無仮説と対立仮説の検定です.

帰無仮説 H_0：母平均に差はない ($\mu_1 = \mu_2$).

対立仮説 H_1：母平均に差がある ($\mu_1 \neq \mu_2$).

● 有意水準： α

● 検定統計量：2つのサンプルの標本平均値をその標準偏差で

割った t 統計量

C. R2.7.0 による p 値の算出

課題 6.1 のデータから外れ値を除外したデータは上述の 3 チェックポイントを満たすことが確認できました. 外れ値を除外したデータに 2 標本 t 検定を適用します. 以下では, 外れ値を除外したデータは 1.1.2 項で解説した方法で, すでに R2.7.0 に読み込まれているものとします. p 値の算出の手順, アウトプット, およびアウトプットの解釈は, 次のとおりです.

独立サンプルの t 検定（等分散）

■ **注 6.2** 2 標本 t 検定は, R2.7.0 では**独立サンプルの t 検定（等分散）** とよばれています.

C-1. 手順

1. メニューバーの ［統計量］→［平均］→［独立サンプル t 検定］と進みます.

2. 画面［独立サンプル t 検定］（図 6.8）で,［等分散と考えますか？］の Yes にチェックを入れ,［対立仮説］を両側,［信頼水準］に 0.95 をインプットして,［OK］ボタンをクリックすると, 次の計算結果がアウトプットされます.

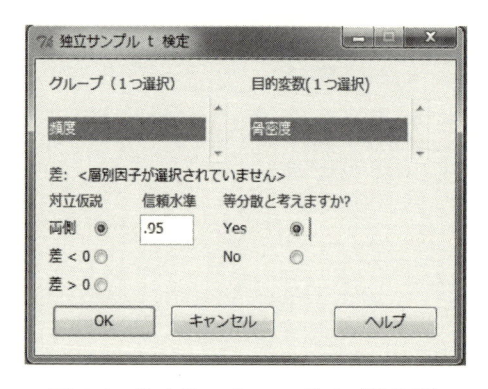

図 **6.8** 独立サンプルの t 検定（等分散）

> 2 標本 *t* 検定（分散が等しいと仮定できるとき）
> データ：骨密度 を スナック菓子を食べる頻度 で層別
> t 値 = −1.8543, 自由度 = 106,   P 値 = 0.06648
> 対立仮説：母平均の差は，0 ではない
> 95 パーセント信頼区間：−0.045470414   0.001520414
> 標本推定値：
> mean in group 週 3 日以上   mean in group 週 3 日未満
>   0.542375   0.564350

C-2. アウトプットの解釈

他は無視して，*p* 値と信頼区間，および mean in group だけを見ます．

- p 値 = 0.066 です．有意水準は 5% に設定されています．p 値 > 0.05 ですから，帰無仮説は棄却できません．すなわち，有意水準 5%で週 3 日以上スナック菓子を食べる中学 2 年生と，週 3 日未満しかスナック菓子を食べない中学 2 年生の骨密度の間に有意な差があるというエビデンスは得られません．

- mean in group より骨密度の平均値は，前者が 0.54，後者が 0.56 です．すなわち，スナック菓子を週 3 日未満しか食べない生徒は，週 3 日以上食べる生徒よりも，0.56 − 0.54 = 0.02 だけ骨密度が大きいことを表しています．しかしながら，検定の結果，この差はバラツキの範囲の差であり，有意な差であるとは認められないということです．

- 信頼度 95%の信頼区間は (−0.045, 0.002) です．もし，有意水準 5%で有意なら，この区間は数直線上で原点より左側にあります．信頼区間の幅は，サンプルサイズを増やせば狭くなります．信頼区間の上限が 0.002 で，わずかに 0 より大きいことは，もう少しサンプルサイズが大きかったならば，週 3 日未満しか食べない生徒の骨密度は 3 日以上食べる生徒の骨密度より有意に大きいという結論が得られたことを示唆します．

D. Excel による 2 標本 *t* 検定の適用

2 標本 *t* 検定は，Excel でも適用できます．しかし，課題 6.1 のデータを解析するには，改めて図 6.9 のような形式で，データシートを作成しておく必要があります．なお，2 標本 *t* 検定を適用するために，このデータシートは外れ値を除外していることに注意してください．

■ 注 6.3 2 標本 *t* 検定は，Excel では *t* 検定：等分散を仮定した 2 標本による検定とよばれています．

D-1. 手順

適用の手順は以下のとおりです．

1. Excel メニューバーから [データ] を選択して出た画面の [データ分析] をクリックすると [分析ツール] 画面がでます．この画面の中の [*t* 検定：等分散

週3日以上	週3日未満
0.454	0.597
0.616	0.56
0.574	0.568
0.618	0.499
・	・
・	・
・	・
0.517	0.527
0.572	0.578
	0.592
	0.634
	0.606
	0.56
	0.616
	0.454
	0.447
	0.54
	0.496
	0.631
	0.587
	0.546

図 **6.9**　Excel で 2 標本 *t* 検定を実行するためのデータファイル

を仮定した 2 標本による検定] を選択し [OK] ボタンをクリックします.

2. 画面 [*t* 検定：等分散を仮定した 2 標本による検定] の中で [変数 1 の入力範囲 (1)] に文字「週 3 日以上」も含めて週 3 日以上の生徒のデータを選択してインプット, [変数 2 の入力範囲 (2)] に文字「週 3 日未満」も含めて週 3 日未満の生徒のデータを選択してインプットします. [ラベル] にチェックを入れ, さらに [仮説平均との差異 (Y)] に 0, [$\alpha(A)$] に 0.05 をインプットして出力先を指定して [OK] ボタンをクリックすると結果がアウトプットされます.

D-2. Excel のアウトプットの解釈

図 6.10 に Excel による解析結果のアウトプットを与えました.

	週3日以上	週3日未満
平均	0.542375	0.56435
分散	0.003795	0.003705
観測数	48	60
プールされた分散	0.003745	
仮説平均との差異	0	
自由度	106	
t	-1.8543	
P(T<=t) 片側	0.033238	
t 境界値 片側	1.659356	
P(T<=t) 両側	0.066476	
t 境界値 両側	1.982597	

図 **6.10**　Excel のアウトプット

- 週 3 日以上の生徒と 3 日未満の生徒について, それぞれの群の [平均値], [分散], [観測数] が与えられています.
- p 値は, [P(T<=t) 両側] で与えられた値 $p = 0.066$ です. この値は R2.7.0 で算出した値と一致しています.
- p 値の解釈は, R.2.7.0 で算出した結果の解釈を見てください.

6.1.5 ウィルコクソンの順位和検定

A. チェックポイント

- 2群のデータは異なる対象から得られたもの，すなわち対応がないサンプルである．
- 2つのサンプルの母集団分布の右スソ，あるいは左スソが長く，左右対称な釣鐘型の正規分布から極端にずれていたり，サンプルに異常に大きな値，または小さな値があるが，外れ値として除外するのは適当でない場合．
- 次の帰無仮説に対立仮説を対比する検定である．

  帰無仮説　H_0：2つの母集団の中央値の間に差はない（$\mu_1 = \mu_2$）．
  対立仮説　H_1：2つの母集団の中央値の間に差がある（$\mu_1 \neq \mu_2$）．
- 　有意水準：　α
- 　検定統計量：2つのサンプルを大きさの順に並べ小さいほうから
  順位をつけるとき，一方のサンプルの順位和

■ **注 6.4**　2標本検定で本質的に問われているのは，母集団分布に差があるかどうかということです．分布が正規分布のような左右対称な形をしている場合は，対称の軸が母平均 μ と一致して，母集団分布の差は母平均の差，すなわち $\mu_1 - \mu_2$ としてとらえることができます．しかし，分布の形が左右対称でない場合は，分布の位置は母平均で表すのは妥当でなく，中央値で表します．したがって，μ を中央値と読み替えて，母集団分布の差は2つの分布の中央値の差と解釈します．したがって，ここでは $\mu_1 - \mu_2$ は中央値の差を表します．

B. ウィルコクソンの順位和検定の考え方

次の例題 6.1 を用いて，ウィルコクソンの順位和検定の考え方を解説します．

> **例題 6.1**　表 6.1 のデータは，初産婦の分娩所要時間（分）を，ある指数に基づいて，やせ群と肥満群に分類したデータから一部を取り出したものです（出典：寺岡ら (2002)）．肥満の人とやせた人の分娩所要時間の間に差があるだろうか？

表 **6.1**　肥満群とやせ群の分娩所要時間

	分娩所要時間									
肥満群	900	730	860	1120	801	845	980	830		
やせ群	835	790	890	864	740	800	620	800	870	810

解説

1. 肥満群とやせ群のサンプルを，込みにして小さいほうから大きさの順にならべ，順位をつけます．同順位がある場合はその中間順位をつけます．たとえ

表 **6.2** 表 6.1 サンプルの順位

	分娩所要時間とその順位										順位和
肥満群	900	730	860	1120	801	845	980	830			
順位	16	2	12	18	7	11	17	9			92
やせ群	835	790	890	864	740	800	620	800	870	810	
順位	10	4	15	13	3	5	1	5	14	8	78

ば，1, 2, 3, 3, 4, . . . のように同順位が 2 つあれば 1, 2, 3.5, 3.5, 5, . . . と順位
をつけ，群ごとに順位和を求めます．表 6.2 に，表 6.1 のサンプルに順位を
つけた結果を与えました．

2. 肥満群とやせ群をあわせると 1〜18 までの順位がつけられるので，その平均
値は

$$\frac{1}{18}(1 + 2 + \cdots + 18) = 9.5$$

となります．帰無仮説のもとでは肥満群とやせ群は同じ分布に従い，やせ群
には 10 個のデータがあるので

帰無仮説のもとでのやせ群の順位和の期待値：$9.5 \times 10 = 95$

となります．実際に観測されたやせ群の順位和は 78 で，両群に差がないと
したときの期待値 95 より小さいので，やせ群には分娩時間の短いサンプル
が多いことが分かります．ウィルコクソンの順位和検定は，このようにどち
らかの群に着目して，実際に観測された順位和と，両群に差がないとしたと
きの期待値を比較して p 値 を求める検定です．

3. ウィルコクソンの順位和検定は，測定値そのものではなく，順位に変換され
たデータを使います．データがとられる現場では，現場の状況によってデー
タの測定値がゆらぐ場合があります．ウィルコクソンの順位和検定は，デー
タの値が少々変わっても大きさの順位さえ変わらなければ，全く影響を受け
ないという，現場向きの検定です．

C. R2.7.0 による解析

次の課題 6.2 を用いて R2.7.0 による解析の仕方を説明します．

> **課題 6.2** 課題 6.1 のデータには，スナック菓子を週 3 日以上食べる 51 名
> の生徒，および週 3 日未満しか食べない 61 名の生徒の両方に外れ値が
> ありました．これらの外れ値には「意味がある」ので除外すべきでな
> い，と想定します．このとき，スナック菓子を週 3 日以上食べる生徒
> と週 3 日未満の生徒の間で骨密度の間に差があるかどうか，有意水準
> 5% で検定しなさい．

課題 6.2 のように，外れ値があるのに何らかの事情で除外できないデータは正
規分布に従いません．ウィルコクソン順位和検定を適用して解析します．なお，
ウィルコクソン順位和検定の p 値を求めるソフトは Excel に常備されていませ
ん．R2.7.0 を使用して p 値を求めます．

C-1. データのインポート

1.1.2 項で与えた手順で課題 6.1 のデータ，すなわち［sagyo］フォルダの［chapter6］フォルダ内に準備されたデータシート［kadai6.1.xls］を R2.7.0 にインポートしてください．以下では，データの R2.7.0 へのインポートが終了し，解析が待たれている状態を想定して解説を進めます．

C-2. ウィルコクソン順位和検定の適用

次の手順で行います．

1. メニューバーの［統計量］→［ノンパラメトリック検定］→［2 標本ウィルコクソン検定］と進み，［2 標本ウィルコクソン検定］ダイアログの［グループ］に「頻度」，［目的変数］に「骨密度」，［対立仮説］に「両側」，［検定のタイプ］に「デフォルト」が選択されていることを確認し，［OK］ボタンをクリックします．

2. 出力ウィンドウに，次の結果がアウトプットされます．

```
    週 3 日以上    週 3 日未満
      0.542          0.560
ウィルコクソンの順位和検定（連続性の補正）
データ：骨密度 を 頻度 で層別
W = 1338.5，p 値 = 0.2059
対立仮説：location shift は，0 ではない
```

■ **注 6.5** 何もしなければ［検定のタイプ］で「デフォルト」が選ばれます．このときアウトプットされる p 値は近似値です．サンプルの 1 群のサイズが 20 個以上あれば精度が高い近似値がアウトプットされます．サンプルサイズが少ない場合，高い近似精度は期待できません．このようなときは，［検定のタイプ］で「正確」を選択して検定を行うとよいでしょう．なお，サンプルサイズが大きいときに「正確」を選択すると，計算時間がかかりすぎてアウトプットが得られない場合があります．

D. アウトプットの解釈

- p 値 = 0.206 は，両側検定の p 値です．外れ値を除外して行った 2 標本 t 検定から得られた p 値 = 0.066 と比べるかなり大きな p 値ですが，両者とも 0.05 より大きく有意水準 5% で検定を行うとき，スナック菓子を週 3 日未満しか食べない生徒と，3 日以上食べる生徒の骨密度間に有意な差があるというエビデンスは得られなかった，という同一の判定結果が得られます．
- 信頼区間はアウトプットされません．
- 週 3 日以上の生徒 51 名の中央値 = 0.542 と週 3 日未満の生徒 61 名の中央値 = 0.560 がアウトプットされています．

> **問題 6.1**　コンピュータトモグラフィ (CT) は，高度な画像診断を行うために，血管内に被験者の体格に応じた量の造影剤を注入して撮影される X 線画像です．[sagyo] フォルダ内の [chapter6] フォルダに置かれた [mondai6.1.xls] は，体脂肪を考慮した体重 (Lean Body Weight：LBW) で調整した造影剤量を注入した被験者 20 名（LBW 群）と通常の体重 (Total Body Weight: TBW) で調整した造影剤量を注入した被験者 20 名（TBW 群）の血管 CT 値です．LBW 群の血管 CT 値と TBW 群の血管 CT 値間に差があるであろうか？ (1) 外れ値が除外できる場合と (2) 外れ値が除外できない場合に分けて解析しなさい．

6.2　対応があるサンプル

対応があるサンプル　　　　対応があるサンプルとは，例 4.2 (p.56) のように比較するサンプルが同じ対象からとられているサンプルのことでした．本節では，まず，正規分布が仮定できる場合，次に仮定できない場合に，対応があるサンプルに対する平均の検定について学習します．

6.2.1　対応がある t 検定

A. チェックポイント

対応がある t 検定は，以下のチェックポイントが満たされるときに適用される検定です．

- 2 群のデータは同じ対象から得られた対応があるサンプルである．
- 訓練後の測定値と訓練前の測定値の差は，正規分布に従う母集団からのサンプルである．
- 次の帰無仮説と対立仮説の検定である．
  　　　　帰無仮説 H_0：訓練前後で母平均に差はない．
  　　　　対立仮説 H_1：訓練前後で母平均に差がある．
  　　　　有意水準　　α　　（両側検定）
  　　　　検定統計量 t（t 分布）

B. 課題とデータ

本節では，次の課題を考えながら，**対応がある t 検定 (paired t-test)** について学習します．

> **課題 6.3**　表 6.3 は，片側に機能低下が認められる 26 名の大腿部の周囲 (cm) を機能訓練 (FT : Functional Training) の前後で計測したデータです．訓練前後で大腿部周囲の大きさに差があるだろうか？

表 **6.3** 機能訓練前後のデータ

患者番号	1	2	3	4	5	6	7	8	9
訓練後	42.5	37.0	43.0	36.0	37.5	49.0	41.0	49.0	44.0
訓練前	39.5	37.5	43.0	34.0	38.0	48.0	38.5	48.0	44.0
患者番号	10	11	12	13	14	15	16	17	18
訓練後	36.5	38.5	45.0	48.5	43.5	53.5	41.5	48.0	39.8
訓練前	38.5	37.0	44.0	49.0	44.0	54.0	41.0	47.5	40.3
患者番号	19	20	21	22	23	24	25	26	
訓練後	43.0	33.0	40.0	44.5	39.0	41.0	44.0	39.0	
訓練前	42.5	34.0	39.0	44.0	37.5	41.5	42.0	37.5	

C. 考え方

課題 6.3 について，訓練前に大腿部周囲が大きい患者は，訓練後も大きいことが想定されます．また，26 名の患者の中には性や年齢が異なる者がいるかもしれません．これらを無視して，対応がないサンプルの検定を適用すると個体差と訓練の効果が混じってしまい，誤った結果が得られます．訓練前後のサンプルをとり，個体ごとにその差を見ればこれらの個体差は無視できます．表 6.4 に，個体ごとの訓練前後の大腿部周囲の差を与えました．対応があるデータの解析は，表 6.4 のデータを，平均 μ の正規分布をもつ母集団からとられた新たなサンプルと見て検定を行います（図 6.11）．このとき上の帰無仮説と対立仮説は，母平均 μ を用いて，次のように表されることに注意しましょう．

帰無仮説 $H_0 : \mu = 0$ （訓練前後で母平均に差はない），
対立仮説 $H_1 : \mu \neq 0$ （訓練前後で母平均に差がある）．

表 **6.4** 機能訓練前後の差

患者番号	1	2	3	4	5	6	7	8	9
差 (X)	3.0	−0.5	0.0	2.0	−0.5	1.0	2.5	1.0	0.0
患者番号	10	11	12	13	14	15	16	17	18
差 (X)	−2.0	1.5	1.0	−0.5	−0.5	−0.5	0.5	0.5	−0.5
患者番号	19	20	21	22	23	24	25	26	
差 (X)	0.5	−0.1	1.0	0.5	1.5	−0.5	2.0	1.5	

D. チェックポイントのチェック

D-1. 対応があるデータであること

同じ個体の訓練前後のデータであることから，対応があるデータであることは明らかです．

D-2. 正規分布に従うこと

訓練後と訓練前の測定値の差が正規分布に従うかどうかのチェックは箱ヒゲ図で行います．図 6.12 は，表 6.4 で与えられた訓練前後の差のデータの箱ヒゲ図です．図より，外れ値は存在しないこと，中央値を表すボックスの中の線分がボックスの中央に近い位置にあること，さらにボックスの上下のヒゲの長さがほぼ同じであることより，訓練前後の差のデータが正規分布に従うことが確認できます．

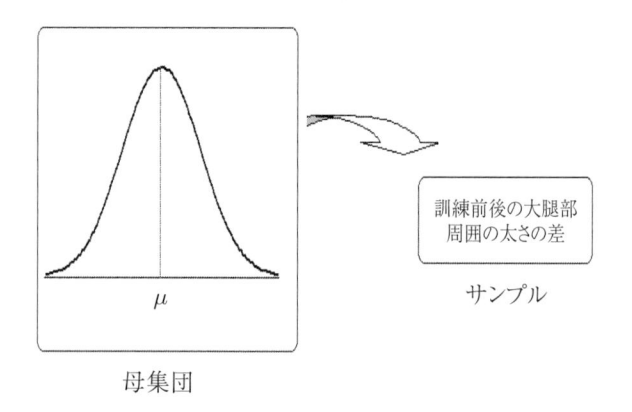

母集団

サンプル

図 **6.11** 母集団とサンプル：1 標本

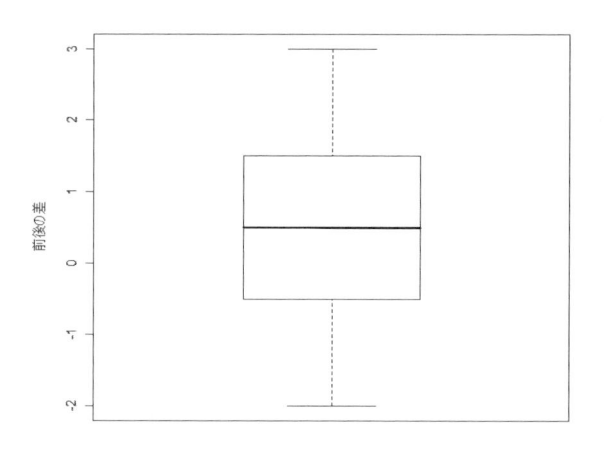

図 **6.12** 訓練前後の差データの箱ヒゲ図

E. 対応がある t 検定の適用

　課題 6.3 のデータは，チェックポイントがすべて満たされていることが確認されたので，課題 6.3 を対応がある t 検定によって解析することにします．p 値の算出を，R コマンダーによって行う場合と Excel によって行う場合に分けて解説します．

E-1. R コマンダーによって p 値を求める場合

E-1(i). Excel へのデータの入力と R へのインポート

1. 患者ごとに対応したデータを Excel シートに 2 列で入力し（図 6.13），名前をつけて適当なフォルダーに保存します．［sagyo］フォルダ内の［chapter6］フォルダに［kadai6.3.xls］ファイルを置いています．Excel データシートを作る時間がない場合はこのファイルを利用して先に進んでください．

2. R コマンダーのメニューバーの ［データ］→［データのインポート］→［from Excel, Access or dBase data set］を選択し，［データセット名を入力］で

図 **6.13** Excel へのデータの入力

適当なデータセット名を入力し（ここでは「訓練」とします），[OK] ボタン
をクリックします（図 6.14）.

図 **6.14** データセット名の入力

3. [sagyo] フォルダ内の [chapter6] フォルダに置かれた [kadai6.3.xls] ファ
   イルを選択し，[開く] をクリックするとデータがインポートされます.

4. [データセットを表示] をクリックし，正しくデータがインポートされている
   かどうかを確認します.

E-1(ii). R コマンダーによる *p* 値の求め方

　R コマンダーによる *p* 値の求め方は，次のとおりです.

1. R コマンダーのメニューバーから [統計量]→[平均]→[対応がある *t* 検定]
   を選択します.

2. 画面 [対応がある *t* 検定]（図 6.15）で [第 1 の変数] に「訓練後」を，[第
   2 の変数] に「訓練前」を選択し，[OK] ボタンをクリックします.

3. 出力ウィンドウに，次の結果が表示されます.

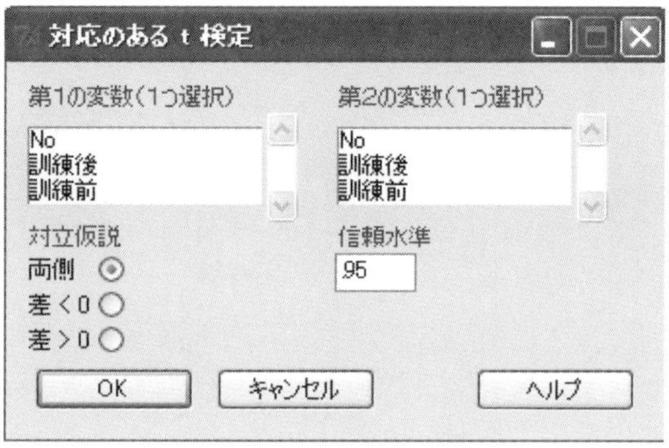

図 **6.15** 対応がある *t* 検定

> t.test(訓練$訓練後, 訓練$訓練前, alternative='two.sided',
conf.level = .95, paired = TRUE)
対応のある場合の *t* 検定
データ: 訓練$訓練後 と 訓練$訓練前
t 値 = 2.2459, 自由度 = 25, *p* 値 = 0.03379
対立仮説: 母平均の差は, 0 ではない
95 パーセント信頼区間: 0.04309527 0.99536626
標本推定値:
差の平均値
0.5192308

E-2. Excel による *p* 値の求め方

上で作成した Excel データシート (図 6.13) を開きます. このシート上で検定を適用します. 手順は以下のとおりです. なお, Excel では, この検定は ***t* 検定: 一対の標本による平均の検定** とよばれています.

一対の標本による平均の検定

1. Excel メニューバーから [データ] を選択して出た画面の [データ分析] をクリックすると [分析ツール] 画面が出ます. この画面の中の [***t* 検定: 一対の標本による平均の検定**] を選択し [OK] ボタンをクリックします.

2. 画面 [***t* 検定: 一対の標本による平均の検定**] の中で [変数1の入力範囲 (1)] に訓練後の文字も含めて訓練後のデータを選択してインプット, [変数2の入力範囲 (2)] に訓練前の文字も含めて訓練前のデータを選択してインプットします. [ラベル] にチェックを入れ, さらに [仮説平均との差異 (Y)] に 0, [$\alpha(A)$] に 0.05 をインプットして出力先を指定して [OK] ボタンをクリックすると, 図 6.16 のような結果がアウトプットされます.

F. 結果の解釈

計算結果のアウトプットの *p* 値は, R および Excel で同じ値, *p* 値 = 0.034 です. この値は 0.05 より小ですから, 有意水準 5% で帰無仮説は棄却されます. すなわち, 訓練の前後で有意な差があったことが分かります. さらに, R2.7.0 のア

t-検定: 一対の標本による平均の検定ツール		
	訓練後	訓練前
平均	42.20385	41.68461538
分散	22.76038	23.34215385
観測数	26	26
ピアソン相関	0.969935	
仮説平均との差異	0	
自由度	25	
t	2.245948	
P(T<=t) 片側	0.016894	
t 境界値 片側	1.708141	
P(T<=t) 両側	0.033789	
t 境界値 両側	2.059539	

図 **6.16** 対応がある $\boldsymbol{t}$ 検定：Excel のアウトプット

ウトプットでは母平均の差の 95%信頼区間が $(0.043, 0.995)$ で与えられており，この信頼区間は数直線上で原点より右側にあることから，差が正であること，すなわち，課題 6.3 のデータについて，訓練後の大腿部周囲の太さは訓練前に比べて有意に増加した $(p = 0.034)$ というエビデンスが得られます．Excel では信頼区間がアウトプットされません．しかし，訓練後と訓練前の大腿部周囲の太さの平均値がそれぞれ 42.20，41.68 とアウトプットされており，両者を比較すれば訓練後の大腿部周囲の太さは訓練前に比べて有意に増加した $(p = 0.034)$ というエビデンスを導くことができます．

6.2.2 ウィルコクソンの符号付順位検定

本項では，**ウィルコクソンの符号付順位検定 (Wilcoxon signed rank test)** とよばれる検定について学びます．ウィルコクソン符号付順位検定を適用するためのチェックポイントは，次のようです．

ウィルコクソンの符号付順位検定

A. チェックポイント

- 2 群のデータは同じ対象から得られた対応があるサンプルである．
- 対応がある 2 つの数値の差の分布は，正規分布に従う母集団からのサンプルと見なせない．
- 次の帰無仮説を対立仮説に対比する検定である．

帰無仮説 H_0：直後の分布と 5 年後の母集団分布は同じ．
対立仮説 H_1：直後の分布と 5 年後の母集団分布に差がある．
有意水準　α　（両側検定）
検定統計量　ウィルコクソン符号付順位

B. 課題とデータ

本項では，次の課題を考えます．

> **課題 6.4** 助産師が5年間の経験で分娩介助についてどのような意識の変革を起こすかを調べるため，資格取得直後と5年後に，分娩介助に関する20項目を自己評価してもらう研究が行われました．表6.5はそのデータの一部で，20名の助産師に関する自己評価得点の総合点です（出典：田島ら (2007)）．資格取得直後と5年間の経験後で，意識の差があるだろうか？

表 6.5　資格取得直後と5年後の総合自己評価得点

No.	1	2	3	4	5	6	7	8	9	10	11	12	13
直後	84	78	76	82	68	64	78	66	72	64	74	78	78
5年後	88	70	80	94	72	68	82	78	72	70	78	76	76

No.	14	15	16	17	18	19	20
直後	88	78	82	84	82	88	78
5年後	98	76	94	82	82	90	72

C. 考え方

課題6.4は，同じ助産師の直後と5年後にとられた対応があるサンプルの比較です．課題6.3と同様に個体差の影響が無視できるように，資格取得直後のデータから5年後のデータを引いた差を新たなデータと考えて，この差について検定を行います．帰無仮説のもとでは，資格取得直後と5年後の母集団分布が等しいので，前者から後者を引いたデータの差は原点の周りにバラついているはずです．他方，5年後の得点が直後の得点より高ければ，原点の左側，すなわち負の値をとるデータの個数が正の値をとるデータの個数より多くなるはずです．さらに，5年後の得点が直後の得点より低ければ，負の値をとるデータの個数より正の値をとるデータの個数のほうが多くなるはずです．

ウィルコクソン符号付順位検定は，差が負の値をとる助産師のデータに (-1) を掛けたものを1つのサンプル，正の値をとる助産師のデータをもう1つのサンプルとみなして，2標本ウィルコクソン順位和検定を適用してこの2つのサンプルが同じ分布に従うかどうかを検定します．

次の1〜4で具体的に考えてみよう．

1. 表6.5より各助産師について，資格取得直後のデータから5年後のデータを引くと，表6.6が得られます．

表 6.6　資格取得直後と5年後の総合自己評価得点の差

No.	1	2	3	4	5	6	7	8	9	10	11	12	13
差	−4	8	−4	−12	−4	−4	−4	−12	0	−6	−4	2	2

No.	14	15	16	17	18	19	20
差	−10	2	−12	2	0	−2	6

2. 差が負の値をとる助産師のデータに (-1) を掛けたものをサンプル S_1 とし, 差が正の値をとるものをサンプル S_2 とすると, 表 6.6 より,

サンプル S_1 : 4, 4, 12, 4, 4, 4, 12, 6, 4, 10, 12, 2

サンプル S_2 : 8, 2, 2, 2, 2, 6

となります. ただし, 差が 0 のデータは考慮しません.

3. サンプル S_1 と S_2 にウィルコクソン 2 標本順位和検定を適用します. すなわち, サンプル S_1 と S_2 を込みにして小さいほうから大きさの順に並べ, 順位をつけます. 同順位の場合は中間順位をつけます. 次のようになります.

S_1 の順位：8.5, 8.5, 17, 8.5, 8.5, 8.5, 17, 12.5, 8.5, 15, 17, 3

S_2 の順位：14, 3, 3, 3, 3, 12.5

4. サンプル S_1 の順位の和 V_1 とサンプル S_2 の順位の和 V_2 は

$$V_1 = 8.5 + 8.5 + \cdots + 3 = 132.5,$$
$$V_2 = 14 + 3 + \cdots + 12.5 = 38.5.$$

また, その平均値は

$$\bar{V}_1 = 132.5/12 = 11.04, \quad \bar{V}_2 = 38.5/6 = 6.42.$$

5. $\bar{V}_1 > \bar{V}_2$ なのでサンプル S_1 はサンプル S_2 より大きな値をとる傾向があることが分かります. 言い換えれば, 資格取得直後のほうが 5 年後の得点より低い傾向があることが分かります. しかし, これは特定の 20 人の助産師から得られた結果にすぎません. この結果が助産師全体に対して当てはまるかどうかを見るためには, 実際に p 値 を算出して, 有意であるかどうかを吟味する必要があります.

D. チェックポイントのチェック

資格取得直後から 5 年後を引いた差のデータは, 表 6.6 を見て分かるように, たとえば 2 が 5 個, 4 が 6 個というようにかたまっており, 連続型の分布から観測されたデータと見なすことは難しく, ヒストグラムや箱ヒゲ図を描くまでもなく, 正規分布から観測されたデータであるとは認められません. したがって, t 検定は適用できません. ウィルコクソンの符号付順位検定を適用します.

E. R コマンダーによる p 値の求め方

E-1. データの入力と R へのインポート

まず, Excel データシートを作り, 次に作ったデータシートを R にインポートします.

E-1(i). Excel データシートを作る

　Excel データシートを作ります．作り方は，すでに学んだように助産師に個体番号をつけ，個体番号ごとに直後と 5 年後のデータを対応させてインプットし保存します．[sagyo] フォルダ内の [chapter6] フォルダに [kadai6.4.xls] ファイルを置いています．このファイルを利用して先に進んでもかまいません．

E-1(ii). Excel データシートを R にインポートする

　ここでは，クリップボードから R にデータをインポートすることにします．

1. Excel 上で必要なデータ範囲を選択し，マウスを右クリックし，コピーを選択します（図 6.17）．このとき，選択した範囲のデータがクリップボードに一時保存されます．

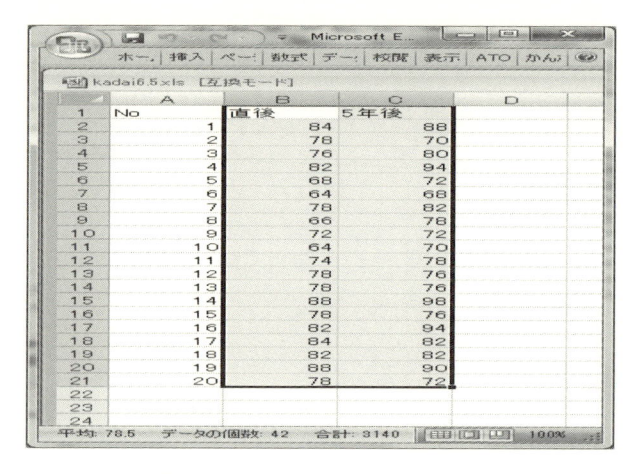

図 6.17 データ入力と範囲の選択

2. R コマンダーメニューの [データ]→[データのインポート]→[テキストファイルまたはクリップボードから] を選択します．[テキストファイルまたはクリップボードから] 画面をクリックして [データセット名を入力] で適当に名前をつけます（ここでは 「obst」 としました）．

3. 次に，[クリップボードからデータを読み込む] にチェックを入れ，[フィールドの区切り記号] で [タブ] を選択して [OK] ボタンをクリックします（図 6.18）．データのインポートの終了です．R コマンダーのメッセージ欄にデータセットの構造が表示されます．

4. R コマンダーのメニューの [データセットを表示] をクリックして，正しくデータがインポートされていることを確認しておきます．

E-2. p 値の算出

　ウィルコクソンの符号付順位検定を上で読み込んだデータに適用して p 値 を算出するには，次のようにします．

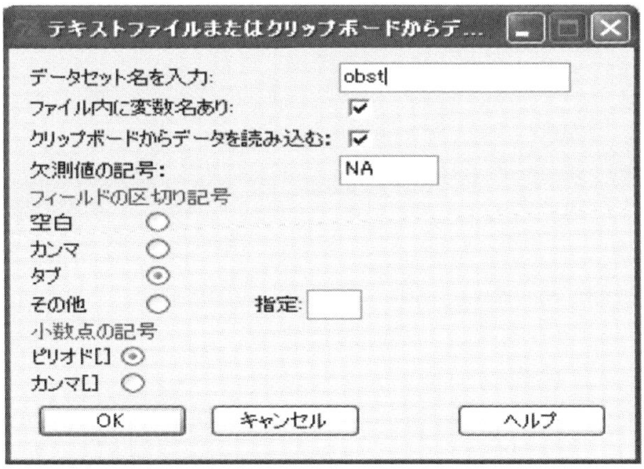

図 **6.18**　クリップボードからのデータインポート

1. メニューバーの [統計量]→[ノンパラメトリック検定]→[対応のあるウィルコクソン検定] を選択します.

2. [対応のあるウィルコクソン検定] で [第 1 の変数] を「直後」,[第 2 の変数]を「5 年後」とし,[OK] ボタンをクリックします.

3. 次の結果がアウトプットされます.

> wilcox.test(Dataset$5 年後, Dataset$直後, alternative =
'two.sided', paired = TRUE)
ウィルコクソンの符号付順位検定（連続性の補正）
データ：Dataset$直後 と Dataset$5 年後
V = 38.5, p 値 = 0.04139
対立仮説：location shift は,0 ではない

■ **注 6.6**　アウトプットの V はサンプル S_2 の順位和 (V_2) のことです.[第 1 の変数] を「5 年後」,[第 2 の変数] を「直後」としておけば,サンプル S_1 の順位和 $(V_2 = 132.5)$ がアウトプットされます.いずれの場合も p 値の値は同じです.

E-3. 結果の解釈

p 値 = 0.04139 (< 0.05) ですから,有意水準 5% で帰無仮説は棄却され,免許取得直後と 5 年後では「差がある」ことになります.しかし,「差がある」からもう一歩進んで,得点が上がったのか下がったのかについて知りたいところです.上では,0 を除く 18 個のデータに 1 番から 18 番までの順位の和をつけました.したがって,

$$[全データの順位の和] = 1 + 2 + \cdots + 18 = 171$$

です.いま,出力結果には S_2 の順位和 $(V_2 = 38.5)$ がアウトプットされていま

す．よって，S_1 の順位和は

$$V_1 = [\text{全データの順位の和}] - [\text{サンプル } S_2 \text{ の順位の和}]$$
$$= 171 - 38.5 = 132.5$$

です．表 6.6 は，0 を除く 18 個のデータの中に負のデータが 12 個，正のデータが 6 個あるので，サンプル S_1 の順位の平均値は $\bar{V}_1 = 132.5/12 = 11.04$．他方，サンプル S_2 の順位の平均値は $\bar{V}_2 = 38.5/6 = 6.42$ です．サンプル S_1 の順位の平均値のほうがサンプル S_2 の順位の平均値より大きいこと，すなわち「差が負のデータ」が，「差が正のデータ」よりも平均的に大きな順位であることが分かります．ということは，免許取得直後のデータのほうが 5 年後のデータより小さい傾向があることを示しています．以上の考察の結果，有意水準 5% で，免許取得 5 年後の得点のほうが免許取得直後の得点よりも有意に高いというエビデンスが得られたことになります．

> **問題 6.2**　[sagyo] フォルダ内の [chapter6] フォルダに置かれた
> [mondai6.2.xls] は，20 名の助産師について学生実習時と経験 3 年後
> の分娩室準備に関する達成度を調査したデータです．学生実習時と経験 3
> 年後で，達成度に差があるといえるだろうか．

第7章
相関と回帰

身長と体重，コレステロール値と血圧，などといった2つの測定値間の関係を視覚的にとらえる方法として，第2章で散布図について学習しました．本章では，散布図に示された2つの測定値間の関係を数値的に見る方法として，相関係数と回帰分析について学びます．

> 本章学習のためのチェック事項
> ★ 使う PC に [R2.7.0]，および [chapter4] をダウンロードしたか？
> ★ 使用する PC に [sagyo] フォルダを作成したか？
> ★ [sagyo] フォルダに [chapter4] フォルダをコピーしたか？
> ★ 関連性を調べたい2つの変数は連続変数であるか？

7.1 相関係数

課題 **7.1** 表 7.1 は，年齢，総コレステロール値 (mg/dl)，収縮期血圧 (mmHg) についての 20 名のデータです．このデータから総コレステロール値と収縮期血圧の相関係数を求めなさい．なお，表 7.1 のデータは，[sagyo] フォルダ内の [chapter7] フォルダに置かれた [kadai7.1.xls] に入っています．

表 **7.1** 年齢，総コレステロール値 (mg/dl) と収縮期血圧 (mmHg)

ID	年齢	コレステロール	血圧
1	32	216	139
2	41	261	153
3	38	169	124
4	58	287	168
5	40	181	116
6	38	187	145
7	34	159	128
8	25	194	114
9	39	187	116
10	38	244	169
11	47	241	130
12	35	295	156
13	44	215	127
14	29	206	116
15	49	245	149
16	43	259	147
17	31	238	128
18	68	271	133
19	25	134	103
20	38	231	147

7.1.1 はじめに

図 7.1 は総コレステロール値と収縮期血圧の散布図（2.4 節参照）です．コレステロール値が高くなれば血圧も高くなる傾向が見てとれます．このような傾向を数値的にとらえる指標として**相関係数 (correlation coefficient)** があります．本節では，相関係数について学習します．

相関係数

7.1.2 相関係数の意味

相関係数を数式で定義するのは省略し，その意味についてだけ考えます．変数 X と Y の相関係数を r で表します．相関係数は，次のような性質をもっています．

- $-1 \leq r \leq 1$.

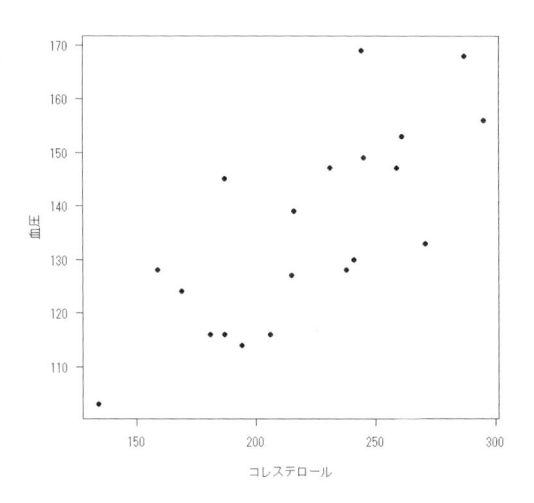

図 7.1 総コレステロール値と収縮期血圧の散布図

- $r > 0$ のとき，変数 X と変数 Y の間には，X が増加すれば Y も増加するという傾向があります．このとき，X と Y の間には**正の相関がある**といいます．r が 1 に近づくほど，散布図上の点のバラツキは右上がりの直線の周囲に近寄ってきます．図 7.2 は $r = 0.82$ のときの散布図です．図は，X と Y が，右上がりの直線の周りに分布している様子を表しています． 正の相関

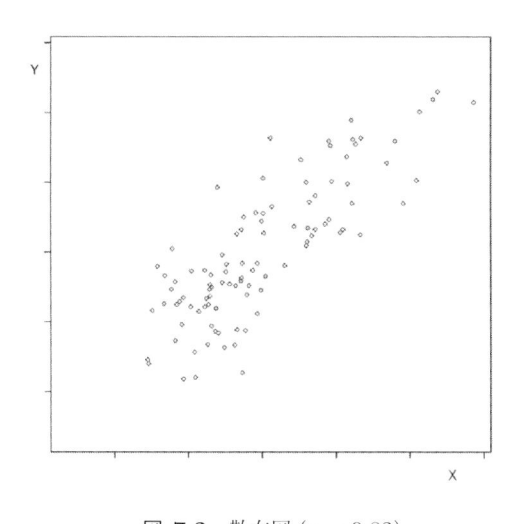

図 7.2 散布図 ($r = 0.82$)

- $r < 0$ のとき，変数 X と変数 Y の関係は，X が増加すれば Y は減少するという傾向があります．このとき，X と Y の間には**負の相関がある**といいます．r が -1 に近づくほど，散布図上の点のバラツキは右下がりの直線の周囲に近寄ってきます．図 7.3 は $r = -0.61$ のときの散布図です．図は，X と Y が，右下がりの直線の周りに分布している様子を表しています．直線の周りの点 負の相関

のバラツキ具合が，図 7.2 の場合より大きくなっていることに注意してください．一般に $|r|$ の値が 1 に近いほど，点のバラツキは直線の周りに近づいてきます．

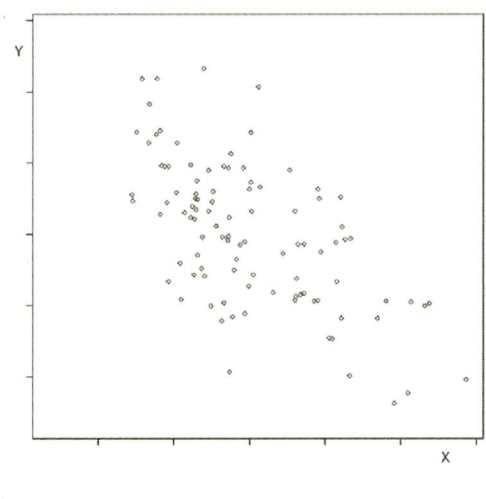

図 **7.3** 散布図 $(r = -0.61)$

- $r = 0$ のとき，変数 X と Y の間に関係がありません．このとき，X と Y の間には**相関がない**といいます．図 7.4 に $r = 0$ のときの散布図を与えました．図より，X と Y の間には関係がないことが明らかです．

相関がない

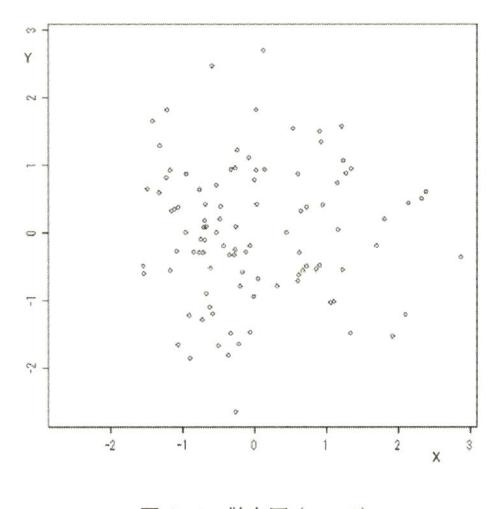

図 **7.4** 散布図 $(r = 0)$

7.1.3 相関係数の求め方

R コマンダーによる求め方と Excel による求め方を紹介します．

A. R コマンダーによる求め方

I. Excel ファイルのインポート

[sagyo] フォルダ内の [chapter7] フォルダに置かれた [kadai7.1.xls] を次の手順で R にインポートします.

1. R コマンダーのメニューバーの [データ]→[データのインポート]→ [from Excel, Access or dBase data set] を選択すると, 画面に [データセット名を入力] が出ます. そこで, 適当なファイル名をつけてインプットし, [OK] ボタンをクリックします. ここでは, [Ex7.1 データ] という名前をつけました.

2. Excel のデータファイルを開くための画面が表示されます. データファイルを入れたフォルダを開き, その中の [kadai7.1.xls] を選択して [開く] ボタンをクリックします.

3. 以上で R へのデータのインポートは完了します.

4. データのインポートが終わると、R コマンダーの [メッセージ欄] に「メモ:データセット Ex7.1 データには 20 行, 4列があります」と表示され, [kadai7.1.xls] が R に正しく読み込まれ, 解析されるのを待っていることが確認できます.

II. 相関係数の算出

相関係数の算出手順は, 次のようです.

1. R コマンダーのメニューバーから [統計量]→[要約]→[相関行列] を選択します.

2. [相関行列] 画面で, パソコンの [Ctrl] キーを押したままで [コレステロール] と [血圧] を選択し [OK] ボタンをクリックします. 表 7.2 のアウトプットが表示され, コレステロールと血圧の相関係数は $r = 0.75$ であることが分かります.

表 **7.2**　相関行列

	コレステロール	血圧
コレステロール	1.0000000	0.7545513
血圧	0.7545513	1.0000000

B.　Excel による相関係数の求め方

Excel の関数を使って, 課題 7.1 で問われた総コレステロール値と収縮期血圧の相関係数を求めます. 手順は以下のとおりです.

	A	B	C	D
1	ID	年齢	コレステロール	血圧
2	1	32	216	139
3	2	41	261	153
4	3	38	169	124
5	4	58	287	168
6	5	40	181	116
7	6	38	187	145
8	7	34	159	128
9	8	25	194	114
10	9	39	187	116
11	10	38	244	169
12	11	47	241	130
13	12	35	295	156
14	13	44	215	127
15	14	29	206	116
16	15	49	245	149
17	16	43	259	147
18	17	31	238	128
19	18	68	271	133
20	19	25	134	103
21	20	38	231	147

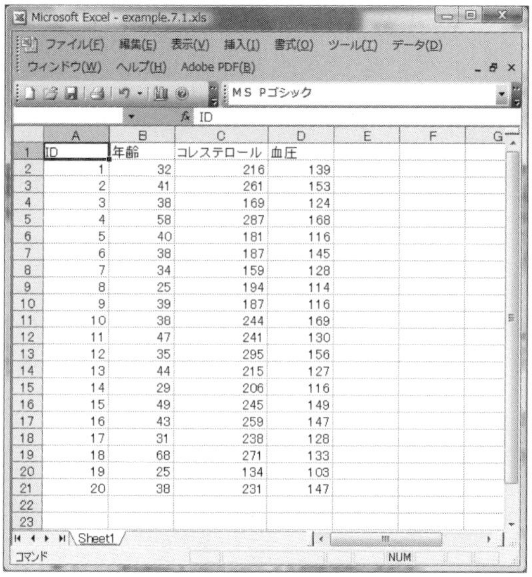

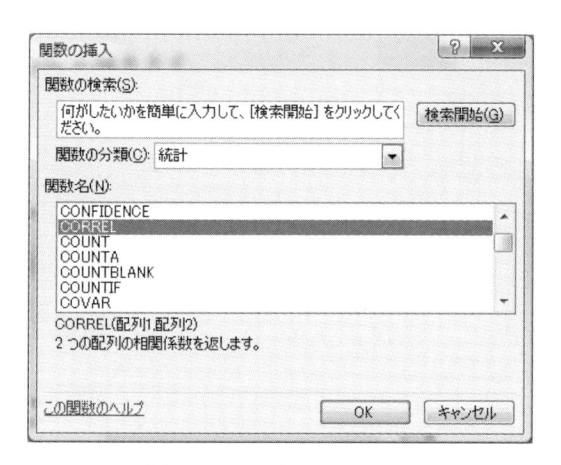

図 **7.5**　kadai7.1.xls

1. [sagyo] フォルダ内の [chapter7] フォルダ置かれた [kadai7.1.xls] を開きます（図 7.5）.

2. 相関係数の出力先として，セル F4 をクリックして指定します.

3. [ツールバー] の関数ボタン f_x をクリックし，[関数の挿入] 画面の [関数の分類 (C)] で [統計] を選択し，[関数名 (N)] で [CORREL] を選択して，[OK] ボタンをクリックします（図 7.6）.

図 **7.6**　[関数の挿入] 画面

4. [関数の引数] 画面の [配列 1] で C2～C21 を，[配列 2] で D2-D21 を選択して，[OK] ボタンをクリックします（図 7.7）.

5. セル F4 に相関係数 0.754551 が出力されます（図 7.8）.

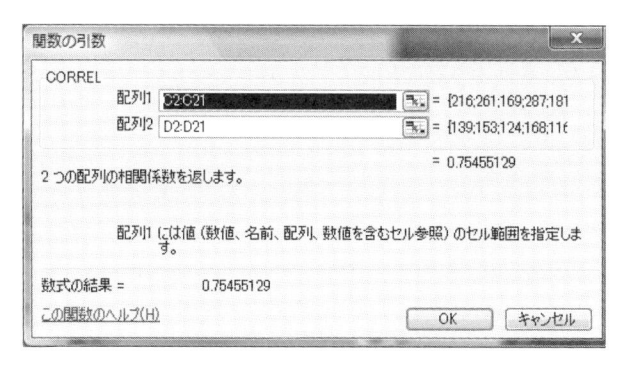

図 **7.7** ［関数の引数］画面

図 **7.8** 相関係数の出力

> **問題 7.1** ［kadai7.1.xls］を用いて，年齢と収縮期血圧の相関係数を求めなさい．

■ **注 7.1** 相関係数を求めたとき，その値が有意に 0 と異なるかどうか，言い換えれば，2 つの変数間に相関があるのかどうかについて検定を行いたい場合があります．この検定は，次節で学習する単回帰分析の回帰係数の検定と同じですので次節の方法で行うとよいでしょう．

■ **注 7.2** X と Y の相関係数は，X の分布と Y の分布が，それぞれ左右対称の釣り鐘型の分布をしているとき，X と Y の関連性の強さをはかる良いモノサシですが，そうでない場合は妥当性を失うときがあります．たとえば，［相関係数］＝ 0 のとき，本節では X と Y の間に関係がないとしました．X の分布と Y の分布が釣り鐘型の分布に従っていない場合には，X と Y の間に関係があっても［相関係数］＝ 0 となるときがあります．特に，次のような場合には注意が必要です．

- 男女や年齢が入り交じった場合の 2 つの変量の関連性.
  $\Longrightarrow$ 男性，女性や年齢で層別して，同質なものに均一化した上で，適用します.
- 同質なものに均一化しても，X と Y の分布が左右対称な釣り鐘型の分布にならない場合
  $\Longrightarrow$ スペアマン (Spearman)，あるいはケンドール (Kendall) などの**順位相関係数 (rank correlation coefficient)** を適用します.
- Excel の関数 [CORREL] や分析ツールでは順位相関係数を求めることはできません.
- R で順位相関係数を求めるには，[統計量]→[要約]→[相関の検定] を選択し，コントロールキーを押しながら「コレステロール」と「血圧」を選択し，さらに「スペアマンの順位」または「ケンドールのタウ」を選択して [OK] ボタンを押します.

スペアマンの順位相関係数
ケンドールの順位相関係数
順位相関係数

7.2 単回帰分析

> **課題 7.2** [kadai7.1.xls] の収縮期血圧を y，総コレステロール値を x として回帰直線を求めなさい.

7.2.1 はじめに

図 7.9 は，散布図 7.1 に直線を当てはめたものです．このように散布図に直線を当てはめると，収縮期血圧と総コレステロール値の関連性が直線関係として鮮明に浮かび上がってきます．また，この直線を利用すると，ある値の総コレステロール値をもつ人の収縮期血圧の値を予測することも可能です.

いま，収縮期血圧を y，総コレステロール値を x で表すと，直線の方程式は

$$y = a + bx \tag{7.1}$$

で表されます．この直線のことを，収縮期血圧 (y) の総コレステロール値 (x) への**回帰直線 (regression line)** といいます．回帰直線は，総コレステロール値 (x) と収縮期血圧 (y) との関係を表すモデル式を与えます．このことから，回帰直線は**回帰モデル (regression mdel)** とよばれることもあります.

回帰直線

回帰モデル

モデル式 (7.1) の左辺の変数 (y) を**反応変数 (response variable)**，または**目的変数 (response variable)**，右辺の変数 (x) を**説明変数 (explanatory variable)** といいます．また，モデル式 (7.1) 内の a を**切片 (intercept)**，b を**傾き (slope)**，両方を合わせて**回帰係数 (regression coefficient)** といいます.

反応変数
目的変数
説明変数
切片
傾き
回帰係数

回帰係数の推定や検定を行って，目的変数といくつかの説明変数との間の関係を分析するのが**回帰分析 (regression analysis)** です．(7.1) 式のように，説明

回帰分析

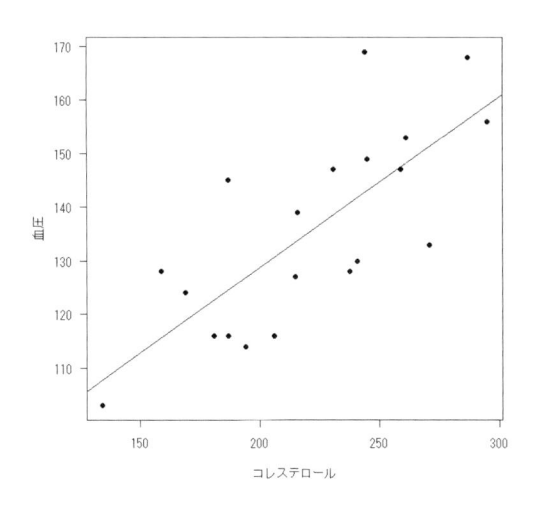

図 **7.9** 回帰直線を描き加えた散布図

変数が 1 個の場合を**単回帰分析 (simple regression analysis)** といい，説明
変数が 2 個以上の場合を**重回帰分析 (multiple regression analysis)** といい
ます．重回帰分析については，本テキストでは学習しません．関心のある読者は，
章末に与えた他のテキストを参照してください．

単回帰分析

重回帰分析

7.2.2 回帰分析

A. 回帰係数の推定

回帰分析では，まず，回帰直線が散布図に最もよく当てはまるように切片 a と
傾き b の値を推定します．推定された a と b の値を $\hat{a}$, $\hat{b}$ で表します．課題 7.1 の
データでは，$\hat{a} = 65.03$, $\hat{b} = 0.32$ です．これらの値の求め方は，以下で与えま
す．式

$$\hat{y} = 65.03 + 0.32x$$

を**予測式**といいます．x の値が与えられたとき，この式を利用して y の値が予測
できます．たとえば，総コレステロール値が 200 mg/dl の人の収縮期血圧は，こ
の予測式を利用して

予測式

$$\hat{y} = 65.32 + 0.32 \times 200 = 129.03 \ (\text{mmHg})$$

と予測されます．

B. 残差

x の値が課題 7.1 データの No.1 の人の総コレステロールの値，すなわち
$x = 216$ であったとします．この値を代入して上の式から血圧の予測値を算
出すると $\hat{y} = 134.15$ です．他方，No.1 の人の血圧の実測値は $y = 139$ でした．
したがって，実測値と予測値の間には $139 - 134.15 = 4.85$ の差があることが分

残差

かります. この差のことを**残差 (residual)** といいます. 表 7.3 に, 課題 7.1 の
20 人全員について, 実測値, 予測値, および残差を与えました.

表 **7.3**　実測値, 予測値, 残差

実測値 (y)	予測値 ($\hat{y}$)	残差
139	134.15	4.85
153	148.55	4.45
124	119.11	4.89
168	156.87	11.13
116	122.95	-6.95
145	124.87	20.13
128	115.91	12.09
114	127.11	-13.11
116	124.87	-8.87
169	143.11	25.89
130	142.15	-12.15
156	159.43	-3.43
127	133.83	-6.83
116	130.95	-14.95
149	143.43	5.57
147	147.91	-0.91
128	141.19	-13.19
133	151.75	-18.75
103	107.91	-4.91
147	138.95	8.05

　また, 図 7.10 に総コレステロール値を横軸にとって, 20 人の残差をプロット

残差グラフ

しました. このような図を**残差グラフ**といいます. 残差グラフは, 直線が散布図
によく当てはまっているかを吟味するために利用されます. たとえば, もし総コ
レステロールの値が大きくなれば残差も大きくなるような傾向があれば, 適切な
回帰モデルが得られていないと解釈します.

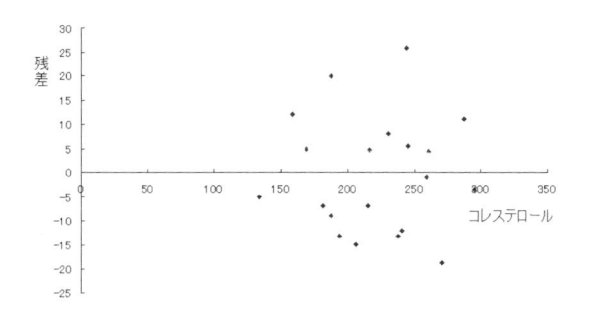

図 **7.10**　残差グラフ

C.　重相関係数と決定係数

　図 7.11 は, 表 7.3 から横軸に予測値, 縦軸に実測値をとってプロットした図で
す. 予測値と実測値の値が近いほど回帰モデルは良いモデルであるといえます.
このことを図 7.11 でいえば, 点が傾き 45° の直線に近いところでバラツけば, 回

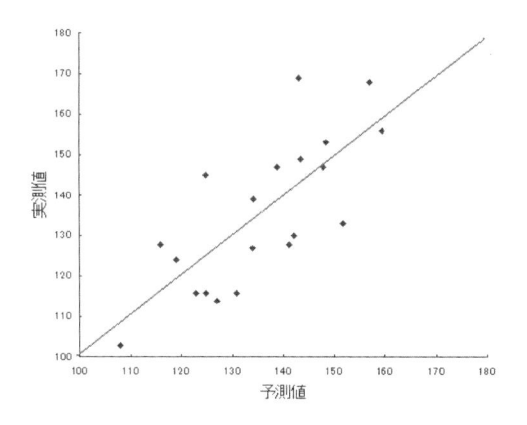

図 **7.11**　予測値と実測値

帰モデルは良いモデルといえます．上で，直線への近づき方の強さをはかるモノ
サシとして相関係数を導入しました．予測値と実測値の近さをはかるモノサシと
して相関係数が利用できそうです．予測値と実測値の相関係数のことを**重相関係
数 (multiple correlation coefficient)** といいます．重相関係数は，通常大文
字の R で表されます．　　　　　　　　　　　　　　　　　　　　　　　　重相関係数

　$R = 0$ のとき，予測値と実測値の間には何らの関係はなく，予測に用いたモデ
ルは妥当性をもちません．R の値が 1 に近いほど良いモデルであるといえます．
なお，R は正の値しかとりません．

　重相関係数 R の値が 1 に近いかどうかを見る代わりに，R を 2 乗した R^2 がモ
デルの良さを示すモノサシとして用いられることがあります．R^2 のことを**決定
係数 (coefficient of determination)** といいます．　　　　　　　　　　　決定係数

D.　仮説の検定

　回帰分析では，切片の検定が必要になることはほとんどありません．重要なの
は，傾きに関する次の仮説の検定です．

> **帰無仮説**　$H_0: b = 0$
> **対立仮説**　$H_1: b \neq 0$

　検定を行うには，まず有意水準を設定します．多くの場合，有意水準は 5% に設定
されます．次に R コマンダーまたは Excel を利用して p 値を求めます．p 値 < 0.05
なら，帰無仮説を棄却し $b \neq 0$ とします．このとき，b の推定値の符号が正なら
「有意水準 5% で 2 つの変数 Y と X の間に正の関係があるというエビデンスがえ
られた（p 値 $= xxx$）」と判定します．また，b の推定値の符号が負なら「有意
水準 5% で 2 つの変数 Y と X の間に負の関係があるというエビデンスがえられ
た（p 値 $= xxx$）」と判定します．他方，もし帰無仮説が棄却されなければ，Y
と X の間には関係がないこと，したがって回帰モデルそのものが妥当性をもたな

い，ということになります．

以上のことから明らかなように，回帰モデルの傾きの検定は，注 7.1 (p.131) で述べたように相関係数の検定と一致します．

7.2.3　回帰分析の実行

課題 7.1 のデータの回帰分析を実行します．以下では，R コマンダーを利用する場合と Excel の分析ツールを利用する場合に分けて実行の手順を学習します．

A．R コマンダーを利用する場合

I. Excel ファイルのインポート

[sagyo] フォルダ内の [chapter7] フォルダに置かれた [kadai7.1.xls] を 7.1.3 項 A. I. に述べた方法で R にインポートします．

II. 回帰分析

R コマンダーによる回帰分析の手順は，次のとおりです．

1. R コマンダーのメニューバーから [統計量]→[モデルへの適合]→[線形回帰] を選択します．

2. [線形回帰] 画面の [目的変数 (1 つ選択)] で「血圧」を選択，[説明変数 (1 つ以上選択)] で「コレステロール」を選択し [OK] ボタンをクリックします．図 7.12 のようなアウトプットが表示されます．

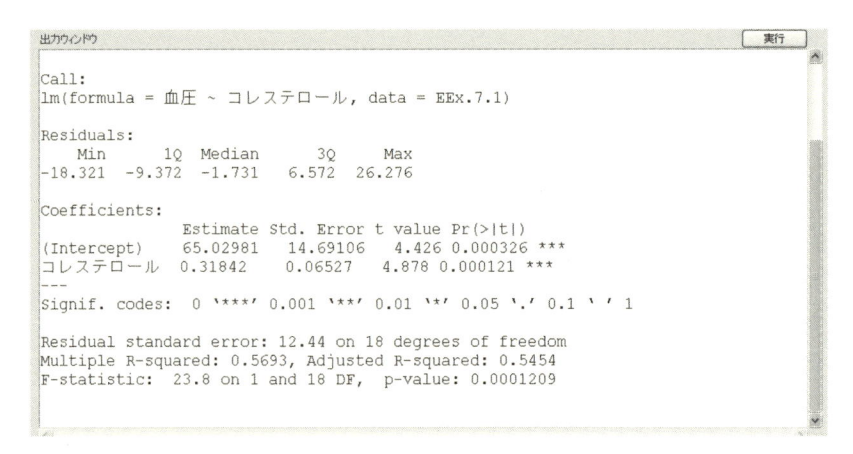

図 7.12　単回帰分析：R のアウトプット

III. アウトプットの読み方

図 7.12 では，まず Residuals (残差) の分布の最小値 (-18.32)，25％点 (-9.37)，

中央値 (−1.73)，75%点 (6.57)，最大値 (26.28) がアウトプットされています．このことから，残差の分布は，ほぼ左右対称な山型を示しており直線の当てはめが妥当であることが示唆されます．次に，回帰係数の推定値が与えられています．図にはコレステロールの係数 (b) の推定値 (0.318)，その標準誤差 (0.065)，推定値を標準誤差で割った t-value (4.878)，および p 値 (0.0001) がアウトプットされています．p 値が 0.05 より小さいこと，また b の推定値の符号が正であることから，「血圧」と「コレステロール」の間には有意な正の相関関係があり（p 値 $= 0.0001$），しかも，両者の関係は数式

$$[\text{血圧}] = 65.03 + 0.318 \times [\text{コレステロールの値}]$$

で表されることが分かります．なお図には，決定係数 $R^2 = 0.569$ の値も与えられています．

その他のアウトプットは無視してください．

B. Excel による単回帰分析の実行

Excel で単回帰分析を行います．

I. 手順

手順は以下のとおりです．

1. [sagyo] フォルダ内の [chapter7] フォルダに置かれた [kadai7.1.xls] を開きます（図 7.13）．

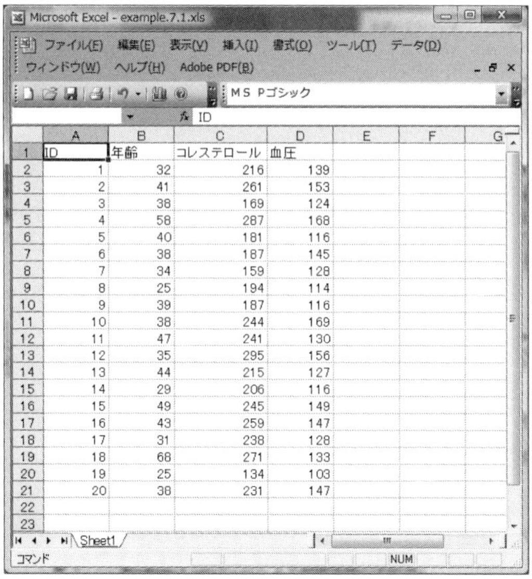

ID	年齢	コレステロール	血圧
1	32	216	139
2	41	261	153
3	38	169	124
4	58	287	168
5	40	181	116
6	38	187	145
7	34	159	128
8	25	194	114
9	39	187	116
10	38	244	169
11	47	241	130
12	35	295	156
13	44	215	127
14	29	206	116
15	49	245	149
16	43	259	147
17	31	238	128
18	68	271	133
19	25	134	103
20	38	231	147

図 **7.13** `kadai7.1.xls`

2. メニューバーの [データ (T)] を選択し右端の [データ分析] をクリックする

と［分析ツール］画面が出ます.

3. ［分析ツール (A)］画面から［回帰分析］を選択して，［OK］ボタンをクリックします.

4. ［回帰分析］画面の［入力元］の［入力 Y 範囲 (Y)］の右の［範囲を選択］ボタンをクリックし，データのセルの範囲を D1～D21 と指定します.

5. ［入力元］の［入力 X 範囲 (X)］の右の［範囲を選択］ボタンをクリックし，データのセルの範囲を C1～C21 と指定します.

6. ［入力元］の［ラベル (L)］にチェックを入れ，［有意水準 (O)］にチェックを入れて，95 とインプットします.

7. ［出力オプション］の［残差 (R)］，［残差グラフの作成 (D)］の項目にチェックを入れます. その他の出力オプションは無視します.

8. 図 7.14 に示した回帰分析の結果，および表 7.3, 図 7.10 に示された残差と残差グラフがアウトプットされます.

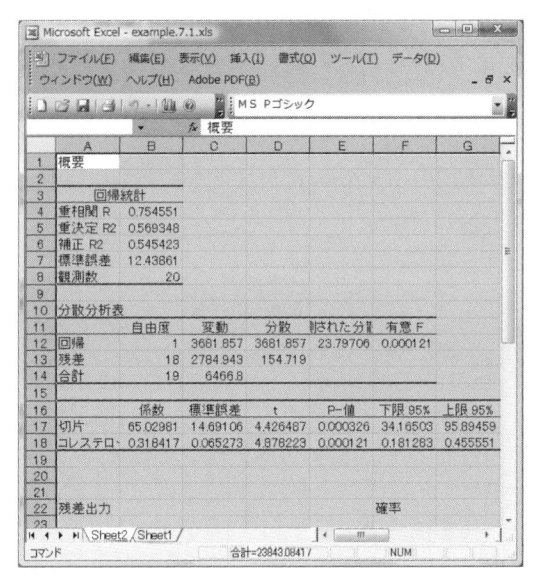

図 **7.14**　回帰分析の出力結果

II. アウトプットの読み方

図 7.14 のアウトプットでは，まず［概要］が与えられています. このうち重相関係数 R (0.75), 決定係数 R^2 (0.57), 観測数 (20) だけを見ておけば十分です. 他は，無視してください. $R = 0.75$ は，モデルがデータの分布をよくとらえていることを示唆しています. 次の分散分析表も無視してください. 次の表に回帰係数の推定値，標準誤差，t, p 値，および信頼度95％の，傾き b の信頼区間が与えられています. 特に重要なのは，傾き b の推定値 (0.318) と p 値 (0.0001) です.

この p 値は 0.05 より小さいので，検定結果は有意水準 5% で有意です．さらに，b の信頼区間 $(0.18, 0.46)$ が原点の右側にあることから $b > 0$ であることが分かります．これらことから，「血圧」と「コレステロール」の間には有意な正の相関関係があり（p 値 $= 0.0001$），しかも，両者の関係は数式

$$[血圧] = 65.03 + 0.318 \times [コレステロールの値]$$

で表されることが分かります．

7.3　層別単回帰分析

> **課題 7.3** ［sagyo］フォルダ内の ［chapter7］フォルダに置かれた［kadai7.3.xls］は，メタボ検診でとられた年齢 51 歳以上 ～ 60 歳未満の男性 50 人と女性 50 人の性（男性：1，女性：2），収縮期血圧 (mmHg)，腹囲 (cm)，総コレステロール値 (mg/dl) のデータです．腹囲は総コレステロールが増加すれば，増加するだろうか？

7.3.1　はじめに

kadai7.3.xls のデータに，腹囲を反応変数 (y)，総コレステロール値 (x) を説明変数として前節で学習した単回帰分析を適用すると，次の回帰直線が得られます．

$$y = 79.19 + 0.04x$$

傾きの検定の p 値は 0.081 で，有意水準 5% で有意ではありません．つまり，総コレステロール値と腹囲の間に関係があるというエビデンスは ［kadai7.3.xls］データから得られません．また，決定係数の値（$R^2 = 0.03$）も非常に小さく，上のモデルはデータのバラツキをとらえておらず，妥当なモデルであるとはいえません．

R^2 の値が小さいとき，何らかの要因に注目して似たもの同士を集めていくつかの層を作り，各層で単回帰分析を行うと有意義な結果が得られることがあります．このような解析を**層別単回帰分析**といいます．本節では，［kadai7.3.xls］に収められたデータを層別単回帰分析します．

層別単回帰分析

7.3.2　課題 7.3 の解析

kadai7.3.xls のデータは年齢 51 歳以上～60 歳未満の人のデータですから，すでに年齢については似たもの同士が集められています．性に着目して男性からなる層と女性からなる層に分け，それぞれの層で単回帰分析をします．

A．女性の層での単回帰分析

図 7.15 に，女性からなる層のデータを単回帰分析した結果を与えました．図から，次の単回帰直線が得られ，傾きの検定の p 値 $= 0.003$ で有意水準 5% で有意

概要

回帰統計	
重相関 R	0.585037
重決定 R2	0.342268
標準誤差	24.03749
観測数	20

	係数	標準誤差	t	P-値
切片	44.91966	57.08398	0.786905	0.441575888
総コレステ	2.066049	0.675065	3.060518	0.006736078

図 **7.15**　女性の層での単回帰分析結果

であることが分かります.

$$y = 61.35 + 0.11x$$

つまり, 課題 7.3 のデータから女性の層では総コレステロールと腹囲には有意な正の関係があるというエビデンスが得られました. また, 図から決定係数 $R^2 = 0.16$ であり, 上のモデルは, それほどよくデータに適合しているとはいえませんが, コレステロール値が 1 単位増加すると腹囲は有意に 0.11 (cm) 増加することが示されました.

B.　男性の層での単回帰分析

　図 7.16 に, 男性の層でのデータを単回帰分析した結果を与えました. 図から, 次の単回帰直線が得られ, 傾きの検定の p 値 $= 0.32$ で有意水準 5% で有意ではないことが分かります.

$$y = 84.13 + 0.03x$$

つまり, 女性の場合とは異なって, 課題 7.3 のデータからは男性の層では腹囲と層コレステロールの間に関係があるというエビデンスは得られません. 決定係数の値 ($R^2 = 0.02$) も非常に小さく, 男性の場合は両者の関係を上のモデルで説明できないことが示唆されます.

概要

回帰統計	
重相関 R	0.096813
重決定 R2	0.009373
標準誤差	6.675611
観測数	20

	係数	標準誤差	t	P-値
切片	94.88393	10.78736	8.795845	6.19E-08
総コレステ	-0.02179	0.052798	-0.41268	0.684713

図 **7.16**　男性の層での単回帰分析結果

C.　まとめ

　上の解析から, 男性と女性に層別して層別単回帰分析を行った結果, 女性の層で

は腹囲と総コレステロールの間に有意な正の関係が見られました．しかし，男性の層では両者の間に関係がなかったという結果が得られました．層別をせず，女性と男性を込みにした解析の結果と比べると，どちらの結果がより有意義であるかは明らかです．

説明変数が 2 つ以上ある場合，重回帰分析とよばれる単回帰分析を一般化した解析が適用されることが多いのですが，説明変数の間に相関が強い「看護・リハビリ・福祉」分野のデータでは，その適用・解釈にはよほどの注意が必要です．安易な適用は間違った結果を導きます．

なお，Excel，あるいは添付 CD-ROM に準備されたレベルの回帰分析では，目的変数も説明変数も数値型（連続型）変数が想定されています．説明変数の中に性（男，女）などの名義変数（ダミー変数）があるときも適用可能ですが，以下に解説するような注意が必要であることに留意してください．

本書では，説明変数が 2 つ以上ある場合，データをなるべくたくさんとって層別単回帰分析することを勧めます．

7.4 発展的層別単回帰分析

課題 7.4 ［sagyo］ フォルダ内の ［chapter7］ フォルダに置かれた ［kadai7.3.xls］ を用いて収縮期血圧 (y) と腹囲 (x) の関係を求めなさい．
注意：［kadai7.3.xls］では収縮期血圧を単に「血圧」としています．
　　　また，これに従って本節では収縮期血圧を「血圧」としています．

7.4.1 層別単回帰分析の実行

課題 7.4 について，まず女性と男性の層に分けて層別単回帰分析を行います．結果を，図 7.17 に与えました．

図 7.17 より，女性と男性の血圧 (y) と腹囲 (x) の関係は，次の直線関係で与えられることが分かります．

$$\text{女性：} \qquad y = 35.18 + 0.95x$$
$$\text{男性：} \qquad y = 54.79 + 0.76x$$

決定係数 R^2 の値がともに小さいので，これらのモデルが血圧と腹囲の相関をよくとらえているということはいえませんが，このことを無視して解説を進めます．

男女ともに傾きは有意水準 5% で有意です．つまり，腹囲が増加すれば血圧も増加するという正の相関関係があるというエビデンスが得られています（女性: p 値＝0.0024，男性: p 値＝0.030）．

概要				
女性				
回帰統計				
重相関 R	0.420175			
重決定 R2	0.176547			
観測数	50			
	係数	標準誤差	t	P-値
切片	35.17812	25.70915	1.368311	0.177586
腹囲	0.954472	0.297531	3.207978	0.002382
男性				
回帰統計				
重相関 R	0.307503			
重決定 R2	0.094558			
観測数	50			
	係数	標準誤差	t	P-値
切片	54.78513	30.64939	1.787478	0.080175
腹囲	0.758116	0.338607	2.238928	0.029832

図 **7.17**　女性の層と男性の層での血圧と腹囲の関係

7.4.2　傾きの均一性の検定

　次に問われるのは，傾きの均一性です．つまり，上の回帰直線では，腹囲が5cm 増加すると血圧は，女性の場合 $0.95 \times 5 = 4.75$ mmHg，男性の場合 $0.76 \times 5 = 3.8$ mmHg 増加することを表していますが，女性と男性の増加量の違いはバラツキにすぎず，等しいのではないかという問題です．この問題に答えるためには，2 つの回帰直線の傾き b_1 と b_2 とするとき

　　　帰無仮説　$H_0 : b_1 = b_2$

を，次の対立仮説に対比する検定を行うことが必要です．

　　　対立仮説　$H_1 : b_1 \neq b_2$.

　データの個数が各々で 30 個以上あれば，この検定の p 値は図 7.17 で与えられたアウトプットを利用して，近似的に次のようにして求めることができます．

1. 図 7.17 では，女性と男性の回帰直線の傾き（腹囲の回帰係数）とその標準誤差の推定値が，次のように与えられています．

　　　女性：傾き $\hat{b}_1 = 0.95$，標準誤差 $SE_1 = 0.30$

　　　男性：傾き $\hat{b}_2 = 0.76$，標準誤差 $SE_2 = 0.34$

　これらの値から，次のように統計量 z の値を算出します．

$$z = \frac{\hat{b}_1 - \hat{b}_2}{\sqrt{(SE_1^2 + SE_2^2)}} = \frac{0.95 - 0.76}{\sqrt{(0.30^2 + 0.34^2)}} = 0.42$$

2. p 値は，次の式から算出します．

$$p \text{ 値} = 1 - \Phi(z) = 1 - \Phi(0.42),$$

ただし，$\Phi(z)$ は標準正規分布の分布関数です．$\Phi(0.42)$ の値は，次のように Excel の関数キーを利用して求めることができます．

3. Excel ファイルを開き，算出したい場所のセルをクリックしたあと，メニューの関数キー $[f_x]$ をクリックし，→[関数の分類 (C)] 画面を開き [統計] を選択します．[関数の挿入] 画面が出ますので，[関数名 (N)] の中から [NORMSDIST] を選択します．出た画面で z の値，0.42，をインプットして [OK] ボタンを押すと $\Phi(0.42)$ の値 0.66 が指定しておいたセルにアウトプットされます．よって

$$[p \text{ 値}] = 1 - 0.66 = 0.34$$

です．

7.4.3 女性と男性共通の傾き

検定の結果，有意水準 5% で腹囲の増加に関する血圧の増加量が女性と男性で異なるというエビデンスはないことが示されました（p 値 $= 0.34$）．つまり，女性と男性の血圧と腹囲の関係は，共通の傾きをもつモデルで説明できそうです．本節では，共通の傾きをもつモデルの作り方について学習します．

A. ダミー変数

次のように性を表す変数 z を導入します．このような変数は**ダミー変数**とよばれます．ダミー変数は，名義変数です．

$$z = \begin{cases} 1: & \text{女性} \\ 0: & \text{男性} \end{cases}$$

ダミー変数 (z) を用いて血圧 (y) と腹囲 (x) の関係を，次のモデルで表します．

$$y = b_0 + b_1 x + b_2 z \tag{7.2}$$

モデル (7.2) 式に $z = 1$ を代入してみると

$$\text{女性の場合:} \qquad y = (b_0 + b_2) + b_1 x \tag{7.3}$$

が得られます．他方，$z = 0$ を代入してみると

$$\text{男性の場合:} \qquad y = b_0 + b_1 x \tag{7.4}$$

が得られます．このことから，モデル (7.2) 式は，切片だけが異なり，共通の傾きをもつモデルを表していることが分かります．したがって，モデル (7.2) 式をデータに当てはめて未知パラメータ b_0, b_1, b_2 の値を推定すれば，女性と男性で共通の傾きをもち，かつ血圧と腹囲の間の関係を表すモデルを作ることができます．

B. R コマンダーによるパラメータの推定

(7.2) 式のパラメータ b_0, b_1, b_2 の値を推定します．R コマンダーで推定を行

う手順は，次のとおりです．

1. [sagyo] フォルダ内の [chapter7] フォルダに置かれた [kadai7.3.xls] を 7.1.3 項 A. I. に述べた方法で R にインポートします．

2. R コマンダーのメニューバーから [統計量]→[モデルへの適合]→[線形回帰] を選択します．

3. [線形回帰] 画面の [目的変数 (1 つ選択)] で「血圧」を選択，[説明変数 (1 つ以上選択)] で「コレステロール」と「性別」の 2 つを選択し [OK] ボタンをクリックします．図 7.18 のようなアウトプットが表示されます．

```
出力ウィンドウ                                              実行
Call:
lm(formula = 血圧 ~ 性 + 腹囲, data = ex7.2)

Residuals:
    Min      1Q  Median      3Q     Max
-28.772 -11.433  -2.514  10.091  43.047

Coefficients:
            Estimate Std. Error t value Pr(>|t|)
(Intercept)  46.3285    21.5142   2.153 0.033767 *
性           -2.2083     3.2681  -0.676 0.500827
腹囲          0.8762     0.2215   3.956 0.000145 ***
---
Signif. codes:  0 '***' 0.001 '**' 0.01 '*' 0.05 '.' 0.1 ' ' 1

Residual standard error: 15.65 on 97 degrees of freedom
Multiple R-squared: 0.1654, Adjusted R-squared: 0.1482
F-statistic: 9.614 on 2 and 97 DF,  p-value: 0.0001552
```

図 **7.18** R コマンダー線形回帰の出力結果

C. Excel によるパラメータの推定

(7.2) 式のパラメータ b_0, b_1, b_2 の値を推定します．Excel で推定を行う手順は，次のとおりです．

1. 図 7.19 のように [kadai7.3.xls] のデータを同じデータシートの上で切り取り・貼り付け（カットアンドペースト）を繰り返して，A 列に性別，B 列に腹囲，C 列に血圧，D 列に総コレステロールがくるように列の入れ替えをしておきます．

2. メニューバーの [データ (T)] を選択し右端の [データ分析] をクリックすると [分析ツール] 画面が出ます．

3. [分析ツール (A)] 画面から [回帰分析] を選択して，[OK] ボタンをクリックします．

4. 入力 Y 範囲 (Y) に血圧データ (C1〜C101) を入力します．入力 Y 範囲 (X) に性別データと腹囲データを (A1:B101) を入力します．さらに，[ラベル (L)] にチェックを入れ（図 7.20），[OK] ボタンをクリックします．

5. 分析結果がアウトプットされます．

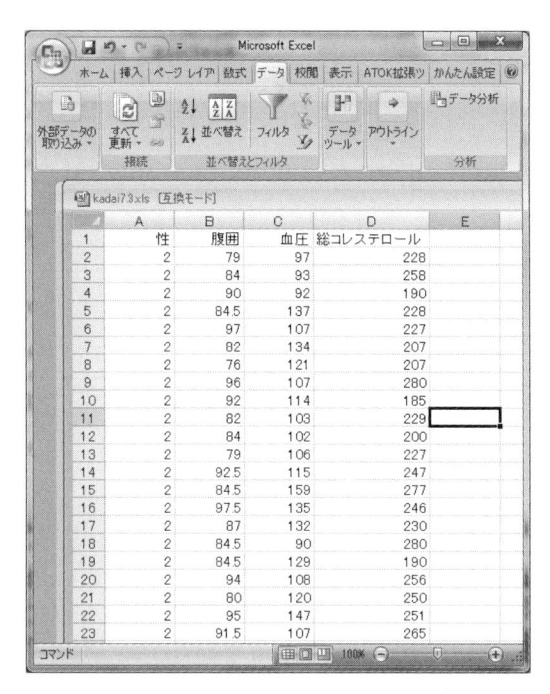

図 **7.19**　データ列の入れ替え

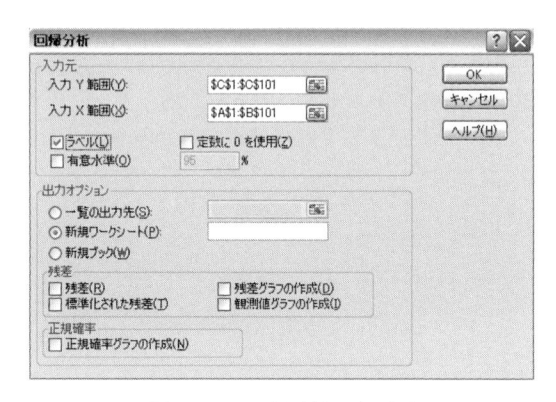

図 **7.20**　回帰分析入力画面

D.　アウトプットの解釈

　R コマンダーと Excel は同じ結果をアウトプットしています．ここでは図 7.18 よりアウトプットの解釈をします．図 7.18 より $b_0 = 46.33$, $b_1 = 0.88$, $b_2 = -2.21$ です．これらの値を (7.3) 式と (7.4) 式に代入すると，次式を得ます．

$$\text{女性の場合：}\quad y = 44.12 + 0.88x$$
$$\text{男性の場合：}\quad y = 46.33 + 0.88x$$

さらに，図 7.18 より腹囲の p 値 $= 0.0001$ です．これより，次のことが導かれます．

- 血圧と腹囲には有意水準 5% で有意な関係が関係がある（p 値 < 0.001）.
- 男女を問わずに腹囲 1cm が増加すれば，血圧は 0.88mmHg 増加する.

- 女性の腹囲の平均は，男性の腹囲の平均より 2.21cm 小さいが，この差は有意水準 5%で有意ではない（p 値 $= 0.50$）．

重回帰分析をさらに学ぶための参考書

　重回帰分析については，易しいものから難しいものまでさまざまなテキストが出版されています．しかし，本文でも強調したように「看護・リハビリ・福祉」分野のデータには説明変数の間に相関が強いものが多いにもかかわらず，多くのテキストで解説されている重回帰分析はこのことが十分配慮されているとはいえず，役に立ちません．重回帰分析をさらに学習したい「看護・リハビリ・福祉」分野の読者には，以下のテキストを勧めます．

- 竹内正弘　監訳，Marcello Pagano/Kimberlee Gauvreau 著 (2003)：『生物統計学入門』，丸善株式会社．

　本書は，ハーバード大学の講義テキスト *Principles of Biostatistics* を翻訳したテキストで，第 18 章に回帰，第 19 章に重回帰，第 20 章にロジスティック回帰が分かりやすく解説されています．

- 柳川　堯，荒木由布子　著 (2010)：『バイオ統計の基礎』，近代科学社．

　本書は，久留米大学大学院医学研究科バイオ統計学群修士課程で行われた講義に基づいて出版されたテキストで，第 7 章回帰モデルの中で単回帰分析，重回帰分析，およびロジスティック回帰分析が分かりやすく解説されています．

問題解答

第1章

問題 1.1 解答省略.

問題 1.2 表 A.1 を参照.

表 **A.1** 問題 1.2：各個体の標準体重

ID	身長	標準体重
1	171.4	64.63
2	166.6	61.06
3	162.2	57.88
4	166.8	61.21
5	166.8	61.21
6	155.1	52.92
7	158.5	55.27
8	155.1	52.92
9	153.5	51.84
10	154.5	52.51

第2章

問題 2.1 女性身長の最大値は 167.2, 最小値は 135.2, また平均値は 153.4 であることから，身長を次の7クラスに分けることにします.

$135 \sim 140, 140 \sim 145, 145 \sim 150, 150 \sim 155, 155 \sim 160, 160 \sim 165, 165 \sim 170$

度数分布表とヒストグラムは図 A.1 を参照.

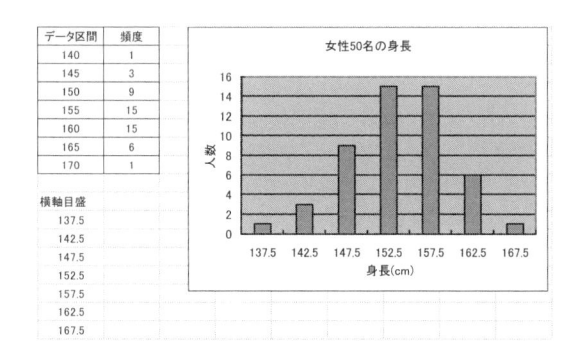

図 **A.1** 問題 2.1：女性 50 名の身長の度数分布表とヒストグラム

問題 2.2 表 A.2 を参照.

問題 2.3 図 A.2 を参照.

問題 2.4 図 A.3 を参照.

表 **A.2**   問題 2.2：女性 50 名の身長データの基本統計量

平均値	中央値	分散	標準偏差	4 分位範囲
153.40	153.35	35.29	5.94	7.88

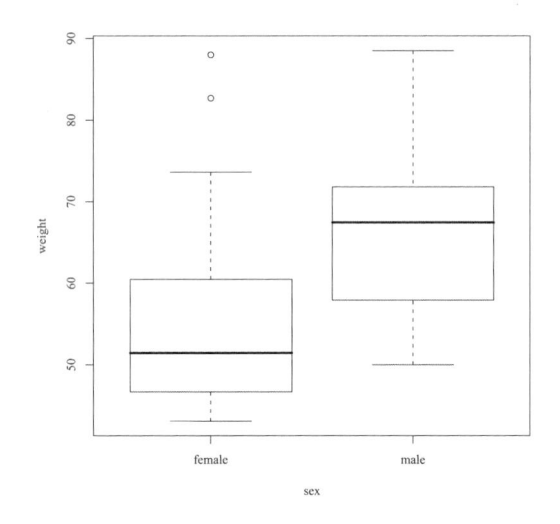

図 **A.2**   問題 2.3：男女体重の並行箱ヒゲ図

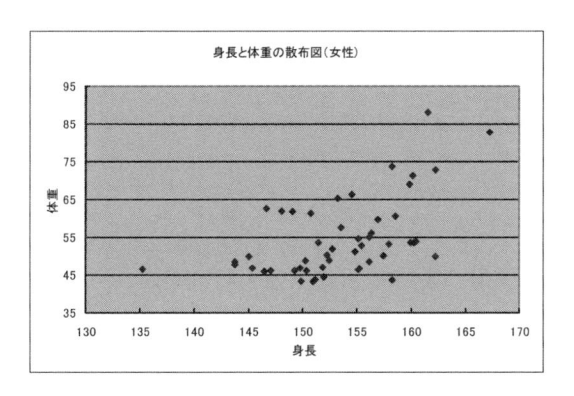

図 **A.3**   問題 2.4: 女性 50 名の身長と体重の散布図

問題 2.5 2016 年の罹患率 $= 2/200 = 0.01$,
2016 年の年央の有病率 $= 6/200 = 0.03$.

問題 2.6 女性の年齢調整死亡率 $= 40.2$.

問題 2.7 G 町の SMR$= 257.8$.

第 3 章

問題 3.1 Excel の関数キー［BINOMDIST］を使って求めます．［関数の引数］の［成功数］，［試行回数］，［成功率］，［関数形式］にそれぞれ 7，10，0.6，TRUE とインプットすると，10 人中 7 人までの患者が 3 か月以内に自立歩行可能となる累積確率 0.83 がアウトプットされます．したがって，10 人中 8 人以上の患者が 3 か月以内に自立歩行可能となる確率は $1 - 0.83 = 0.17$ となります．

問題 3.2 Excel の関数キー［NORMDIST］を使って求めます．［関数の引数］の［X］,［平均］,［標準偏差］,［関数形式］にそれぞれ 149, 120, 8, TRUE とインプットすると，収縮期血圧の値が 149mmHg 未満である累積確率 0.9999 がアウトプットされます．したがって，収縮期血圧の値が 149mmHg 以上である確率は $1 - 0.9999 = 0.0001$ となります．

問題 3.3　問題 3.1 において，「新しい試みのリハビリの効果は従来のと同じ」と仮定して，10 人中 8 人以上の患者が 3 か月以内に自立歩行可能となる確率を求めると 0.17 となり，有意水準 5%以上となります．したがって，「有意水準 5%で帰無仮説 H_0 は棄却されなかった」，つまり「有意水準 5%で新しい試みのリハビリの効果は従来より上がったというエビデンスは得られなかった（p 値 $= 0.17$）」と判定します．

問題 3.4　教育入院期間中 A さんの血糖値がプラスとなる日数の割合は 0.5 となります．帰無仮説と対立仮説は，

$$帰無仮説 \quad H_0 \colon p = 0.5, \qquad 対立仮説 \quad H_1 \colon p > 0.5.$$

第 4 章

問題 4.1

1. 表 A.3 を参照．

表 A.3　問題 4.1：閉じこもりと抑うつ傾向の 2×2 表

		抑うつ傾向	
		0	1
閉じこもり	0	50	70
	1	300	1200

2. 閉じこもり高齢者の抑うつ傾向をもつ割合が 42%であり，閉じこもりでない高齢者の抑うつ傾向をもつ割合が 20%です．その差は 22%となります．

3. 検定統計量のカイ二乗値は 30.80 で，p 値は 2.87×10^{-8} です．この値は，有意水準 5%より小さいので帰無仮説は棄却されます．つまり，閉じこもり高齢者の抑うつ傾向をもつ割合は，閉じこもりでない高齢者の抑うつ傾向をもつ割合に比べて，有意水準 5%で有意に異なると判定できます（$p < 0.001$）．

4. 95%信頼区間は，$(0.126, 0.307)$ となっています．つまり，閉じこもり高齢者の抑うつ傾向をもつ割合と閉じこもりでない高齢者の抑うつ傾向をもつ割合の真の差が，0.126 から 0.307 の間に 95%の確率で含まれることが示されています．この信頼区間は 0 を含んでいないため，有意水準 5%で計算された統計結果と一致します．さらに，この区間は数直線上の 0（原点）の右側にあることから，閉じこもり高齢者の抑うつ傾向をもつ割合は，閉じこもりでない高齢者の抑うつ傾向をもつ割合よりも有意に

大きい，と判定することができます．

問題 4.2

1. 表 A.4 を参照．

表 **A.4** 問題 4.2：感染予防と罹患の 2 × 2 表

		罹患	
		0	1
感染予防	0	20	380
	1	60	540

2. 感染予防している人の罹患割合が 5%であり，感染予防していない人の罹患割合が 10%で，その差は 5%となります．

3. 検定統計量のカイ二乗値は 8.15 で，p 値は 0.004 です．この値は，有意水準 5%より小さいので帰無仮説は棄却されます．つまり，感染予防している人の罹患割合は感染予防していない人の罹患割合に比べて，有意水準 5%で有意に異なる（p 値 = 0.004）と結論できます．

4. 95%信頼区間は，$(-0.082, -0.018)$ となっています．つまり，感染予防している人の罹患割合と感染予防していない人の罹患割合の真の差が，-0.082 から -0.018 の間に 95%の確率で含まれることが示されています．この信頼区間は 0 を含んでいないため，有意水準 5%で計算された統計結果と一致します．さらに，この区間は数直線上の 0（原点）の左側にあることから，感染予防している人の罹患割合は，感染予防していない人の罹患割合よりも有意に小さい，と判定することができます．

問題 4.3 1. 表 A.5 を参照．

表 **A.5** 問題 4.3：研修前と研修後の 2 × 2 表

		研修後	
		0	1
研修前	0	5	25
	1	3	27

2. 研修前の "不合格" 者の割合が 50%，研修後の "不合格" 者の割合が 13%で，その差は 37%となります．

3. 検定の p 値は 2.74×10^{-5} となり，有意水準 5%より小さいので帰無仮説は棄却されます．つまり，研修前の "不合格" 者の割合と研修後の "不合格" 者の割合は，有意水準 5%で有意に異なる（p 値 < 0.001）と結論できます．

4. 95%信頼区間は，$(0.023, 0.282)$ となっています．つまり，研修前の "不合格" 者の割合と研修後の "不合格" 者の割合の真の差が，0.023 から 0.282 の間に 95%の確率で含まれることが示されています．この信頼区

間は 0 を含んでいないため，有意水準 5%で計算された統計結果と一致します．さらに，この区間は数直線上の 0（原点）の右側にあることから，研修前の“不合格”者の割合は研修後の“不合格”者の割合より有意に大きいと判定することができ，研修の効果があったということが確認できます．

第 6 章

問題 6.1

(1) 箱ヒゲ図 A.4 から問題 6.1 のデータには LBW 群に 1 個外れ値があります．図 A.5 は，この外れ値を除外しデータの箱ヒゲ図です．新たな外れ値はありません．ボックスの中の線分が真ん中よりやや上にあります．また，ボックスの上底と下底の距離も LBW 群と TBW 群で少し異なります．しかし，この程度なら正規分布および等分散性の仮定が満たされる考えることができます．2 標本 t 検定を適用します．アウトプットは次のとおりです．

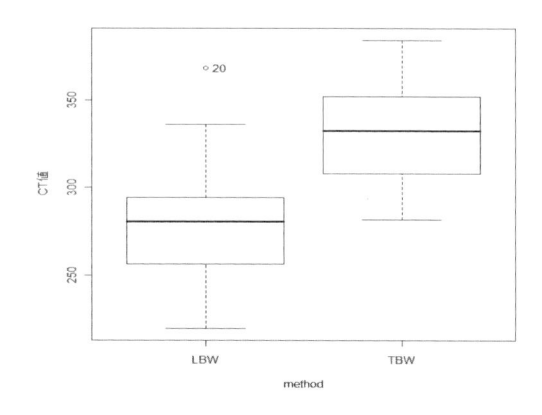

図 **A.4** LBW, TBW の並行箱ひげ図

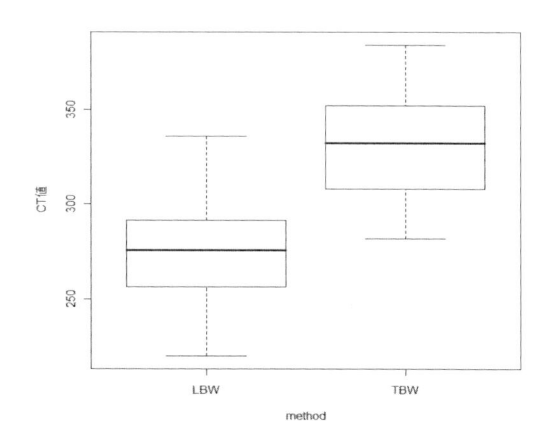

図 **A.5** LBW, TBW の並行箱ひげ図

> 2 標本 t 検定（分散が等しいと仮定できるとき）
>
> データ： CT 値 を method で層別
> t 値 $= -6.0595$, 自由度 $= 37$, P 値 $= 5.215e - 07$
> 対立仮説: 母平均の差は，0 ではない
> 95 パーセント信頼区間: -73.51384 -36.67037
> 標本推定値:
> mean in group　　LBW mean in group TBW
> 　　275.1579　　　　　　330.2500

アウトプットより，p 値 $= 5.21e - 07 = 5.21 \times 10^{-7}$ です．p 値 < 0.05 ですから，有意水準 5%で，LBW 群の CT 値と TBW 群の CT 値間に有意な差があるというエビデンスが得られます．さらに，信頼区間 $(-73.51, -36.67)$ は数直線の原点の左側にあることから，LBW 群の CT 値は TBW 群の CT 値よりも有意に小さいと判定できます．

(2) 外れ値が除外できないとき，正規分布に従うという仮定は成り立ちませんからウイルコクスンの順和検定を適用します．R2.70 のアウトプットは，次のとおりです．

> LBW　　TBW
> 281.0　　332.5
> ウィルコクソンの順位和検定（連続性の補正）
>
> データ： CT 値 を method で層別
> W $= 52.5$, P 値 $= 6.97e - 05$
> 対立仮説: location shift は，0 ではない

アウトプットより，p 値 $= 6.97e - 05 = 6.97 \times 10^{-5}$ で，$p < 0.05$ ですから，有意水準 5%で LBW 群の CT 値と TBW 群の CT 値間には有意な差があると判定できます．信頼区間はアウトプットされていませんが，LBW 群の中央値 281.0 と TBW 群の中央値 332.5 がアウトプットされています．前者の中央値が後者の中央値よりも小さいことから，有意水準 5%で LBW 群の CT 値は，有意に TBW 群の CT 値より小さいというエビデンスが得られたと結論されます．

問題 6.2

> 対応のある場合の t 検定
> データ： Dataset\$3 年後 と Dataset\$学生実習時
> t 値 $= 2.5854$, 自由度 $= 19$, p 値 $= 0.01814$
> 対立仮説：母平均の差は，0 ではない
> 95 パーセント信頼区間： 0.6855458　6.5144542
> 標本推定値:
> 差の平均値
> 3.6

第 7 章

問題 7.1　年齢と収縮期血圧の相関係数は 0.43.

付録

1. R の起動の仕方，使い方

　ディスクトップ上のショートカットアイコン R2.7.0 をダブルクリックすると図 B.1，図 B.2 のような R Console と R コマンダーの画面が開きます．テキストで指示される操作は，R コマンダーを使って行います．

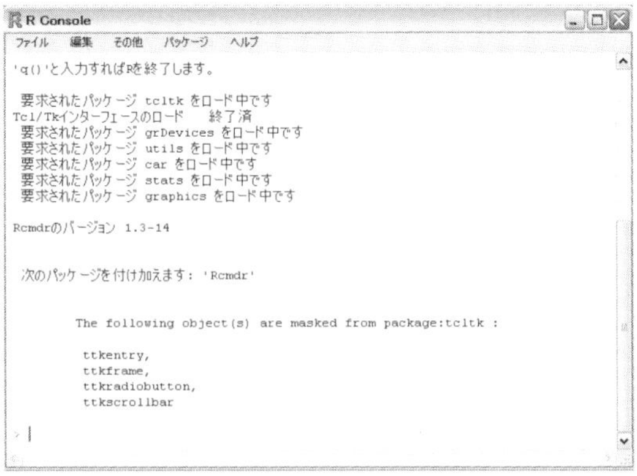

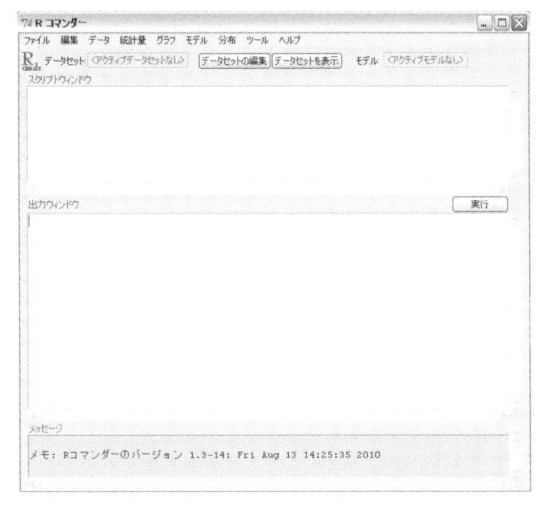

図 **B.1**　R Console 画面

図 **B.2**　R コマンダー画面

2. Excel 分析ツールの設定

　皆さん方の PC には，多くの場合 Excel の［分析ツール］は設定されていません．設定の仕方は以下のようです．以下は，Microsoft Office Excel 2007 の場合です．

1. Excel を立ち上げます.

2. 画面左上のマイクロソフトボタンをクリックする. 図 B.3 の画面が出るので
一番下の行の [Excel のオプション (I)] をクリックします.

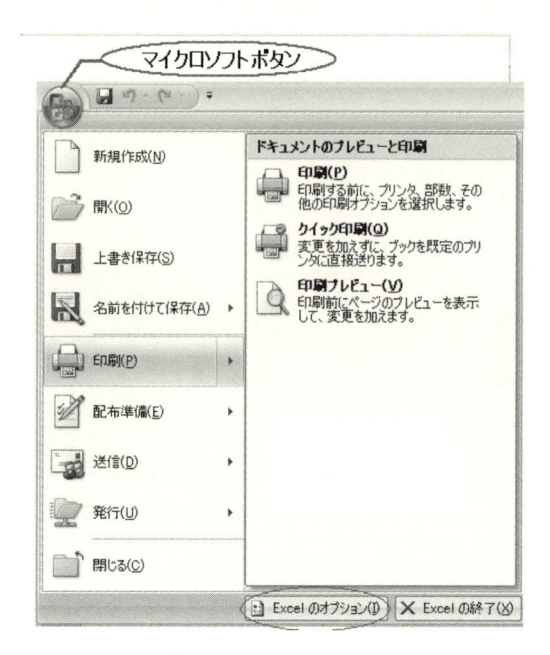

図 **B.3** マイクロソフトボタンをクリックした画面

3. 図 B.4 の画面が出るので, 左枠の中ほどにある [アドイン] をクリックします.

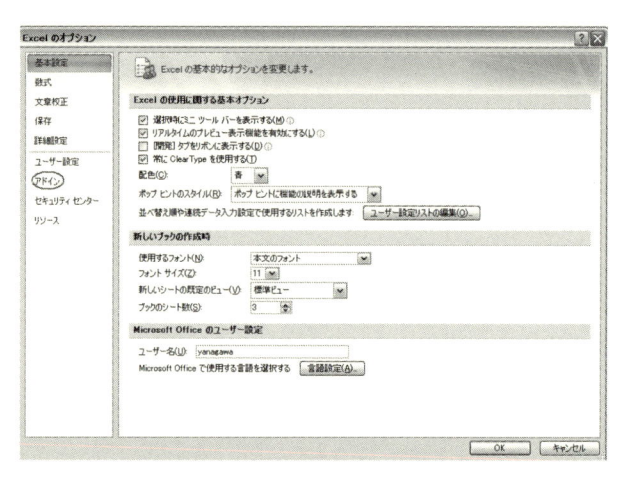

図 **B.4** Excel のオプション画面

4. 図 B.5 の画面が出るので，［分析ツール］を選択し，画面下の［設定 (G)]を
クリックします．

図 **B.5**　アドイン画面 1

5. 図 B.6 の画面が出るので，［分析ツール］左の空箱にチェックをいれ [OK]
ボタンをクリックします．

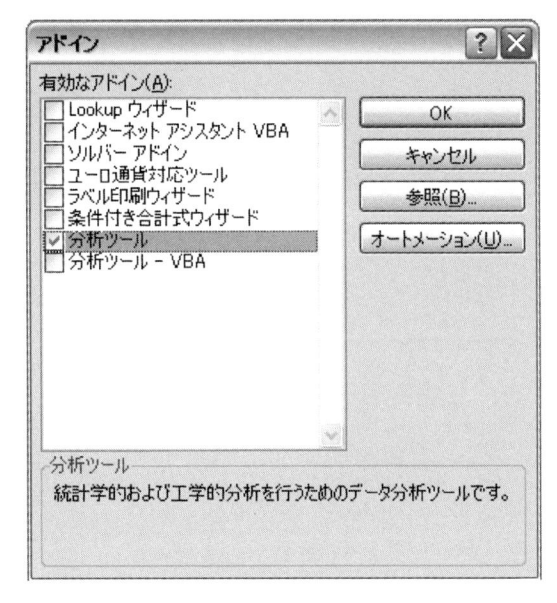

図 **B.6**　アドイン画面 2

6. 以上で，［分析ツール］の読み込みは終了します．

7. ［分析ツール］が正しく読み込まれたかどうかをチェックをします．Excel の
画面を開き，上部バーにあるメニューの中の［データ］をクリックすると図

B.7 の画面が出ます．メニューバー右端に［データ分析］が出ているかどうかチェックします．出ていれば，正しく読み込まれています．

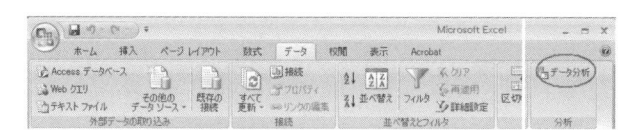

図 **B.7**　データ分析画面

3. Excel 分析ツールの設定

1. メニューバーの［データ］を選択し［データ分析］をクリックすると，［分析ツール (A)］のリストが出ます．

2. リストの中から，使いたいツールを選択して分析を実行します．

4. ギリシャ語のアルファベット

表 **B.1**　ギリシャ文字の読み方

小文字	英表記	かな表記	小文字	英表記	かな表記
α	alpha	アルファ	ξ	xi	クサイ
β	beta	ベータ	o	omicron	オミクロン
γ	gamma	ガンマ	π	pi	パイ
δ	delta	デルタ	ρ	rho	ロー
ϵ	epsilon	イプシロン	σ	sigma	シグマ
ζ	zeta	ゼータ	τ	tau	タウ
η	eta	イータ	υ	upsilon	ユプシロン
θ	theta	シータ	ϕ	phi	ファイ
ι	iota	イオタ	χ	chi	カイ
κ	kappa	カッパ	ψ	psi	プサイ
λ	lambda	ラムダ	ω	omega	オメガ
μ	mu	ミュー			

参考文献

[1] 内田武博 他，閉経期以後の女性の骨粗鬆症診断に及ぼす BMI の影響について，『熊本大学医学部保健学科紀要』，No4，pp.63-66 (2009).

[2] 折笠秀樹，『臨床研究デザイン』，真興交易医書出版部 (1995).

[3] 田島朝信 他，助産学生の分娩介助技術習得度についての考察，『熊本大学医学部保健学科紀要』，No3，pp.55-66 (2007).

[4] 田中久美子 他，3 歳児検診時における排尿トレーニングの実態，『熊本大学医療技術短期大学部紀要』，No8，pp.35-41 (1998).

[5] 寺岡祥子 他，非妊時肥満度が妊娠，分娩，新生児に及ぼす影響，『熊本大学医療技術短期大学部紀要』，No12，pp.61-65 (2002).

[6] 小館由典&できるシリーズ編集部，『できる Excel 2007』，インプレス (2010).

[7] 永田榮子，介護認定度の改善・悪化に関する在宅介護サービスと施設入所介護サービスの比較，『久留米医学会雑誌』，第 73 巻 3,4 号，pp.99-105 (2010).

[8] 永田 靖，『サンプルサイズの決め方』，朝倉書店 (2003).

[9] Crawley, M. J. 著，野間口，菊池 訳，『統計学：R を用いた入門書』，共立出版 (2008).

[10] 林知己夫，『データの科学』，朝倉書店 (2001).

[11] 松山郁夫、小車淑子、羽江美子，特別養護老人ホームの介護職員における認知症高齢者の状態に関する認識，『佐賀大学文化教育学部研究論文集 11 集』，第 1 号，pp.133-144 (2006).

[12] 柳川 堯，『環境と健康データ』，共立出版 (2002).

[13] Yanaga Y. *et al.*, Effect of Contrast Injection Protocols with Dose Adjusted to the Estimated Lean Patient Body Weight on Aortic Enhancement at CT Angiography, *American Journal Roentogenology*, 192(4), pp.1071-1078 (2009).

索 引

著者略歴

柳 川　堯 （やながわ　たかし）

1966 年　九州大学大学院理学研究科修士課程修了
　　　　オーストラリア CSIRO 上級研究員，米国立がん研究所客員研究員，米国立環境健康科学研究所
　　　　客員研究員，ノースカロライナ大学準教授，九州大学大学院教授，久留米大学バイオ統計センター
　　　　所長，教授を歴任して，現在，久留米大学バイオ統計センター・客員教授，九州大学名誉教授，理
　　　　学博士（統計数学）
主な著書：環境と健康データ：リスク評価のデータサイエンス（共立出版，2002）
　　　　　統計数学（近代科学社，1990）
　　　　　バイオ統計シリーズ（近代科学社）：1．バイオ統計の基礎 (2010)．3．サバイバルデータの解析
　　　　　(2010)．4．医療・臨床データチュートリアル (2014)．5．観察データの多変量解析 (2016)．

中 尾 裕 之 （なかお　ひろゆき）

2001 年　九州大学大学院数理学研究科博士後期課程修了
　　　　宮崎大学医学部講師，国立保健医療科学院研究情報支援研究センター特命上席主任研究官を歴任
　　　　して，現在，宮崎県立看護大学看護学部看護学科教授，理学博士（数理学）

椛　勇 三 郎 （かば　ゆうざぶろう）

2010 年　久留米大学大学院医学研究科博士課程修了
　　　　久留米大学病院，福岡県星野村役場勤務を経て，現在，久留米大学医学部看護学科・准教授，医
　　　　学博士

堤　千 代 （つつみ　ちよ）

2015 年　久留米大学大学院医学研究科博士課程修了
　　　　現在，聖マリア学院大学看護学部看護学科・教授，医学バイオ統計学博士

菊 池 泰 樹 （きくち　やすき）

1977 年　東京工業大学卒
　　　　佐世保工業高等専門学校助教授，長崎大学医療技術短期大学部助教授を歴任．元長崎大学大学院
　　　　医歯薬学総合研究科保健学専攻・准教授，数理学博士（統計数学）
主な著書：統計科学の最前線（共著，九州大学出版会，2003）
　　　　　統計学：R を用いた入門書，野間口謙太郎，菊池泰樹（共訳）（共立出版，2008）

西　晃 央 （にし　あきひろ）

1972 年　九州大学大学院理学研究科修士課程修了
　　　　静岡大学工学部助手，佐賀大学文化教育学部教授を歴任し，現在，佐賀大学名誉教授，福岡女学
　　　　院大学大学院発達教育学科教授，理学博士（統計数学）
主な著書：「統計学入門」，大森博之，神田隆至，西晃央（共著）（西日本法規出版，2005）

島 村 正 道 （しまむら　まさみち）

1998 年　佐賀大学大学院工学系研究科情報システム学博士後期課程単位取得満期退学
　　　　熊本大学医療技術短期大学助教授を歴任．
　　　　元熊本大学医学部保健学科放射線技術科学専攻・准教授，理学博士

新 看護・リハビリ・福祉のための統計学
Excel と R を使った

ⓒ 2019 Takashi Yanagawa, Hiroyuki Nakao,
Yuuzaburou Kaba, Chiyo Tsutsumi,
Yasuki Kikuchi, Akihiro Nishi,
Masamichi Shimamura

Printed in Japan

2019 年 7 月 31 日　初 版 発 行

著　者	柳	川		堯
	中	尾	裕	之
	椛		勇三	郎
	堤		千	代
	菊	池	泰	樹
	西		晃	央
	島	村	正	道
発行者	井	芹	昌	信

発行所　株式会社 近代科学社

〒 162-0843　東京都新宿区市谷田町 2-7-15
電話 03-3260-6161　　振替　00160-5-7625
https://www.kindaikagaku.co.jp

藤原印刷　　　ISBN978-4-7649-0594-8

定価はカバーに表示してあります.

バイオ統計シリーズ 全6巻

編集委員　柳川 堯・赤澤 宏平・折笠 秀樹・角間 辰之

The series of Biostatistics

バイオ統計シリーズ❶
シリーズ編集委員：柳川　堯・赤澤宏平・折笠秀樹・角間辰之

バイオ統計の基礎
－医薬統計入門－

柳川　堯・荒木由布子 著

近代科学社